KARIN TILLISCH

Kreative Doppellongenarbeit

Spielerische Gymnastizierung,
Haltungsschulung und
Koordinationstraining für Einsteiger

CADMOS

In Memoriam
Für meine Oma und meinen Opa,
Antonie und Josef Tillisch

Haftungsausschluß / Sicherheitshinweis
Die Autorin, der Verlag und sämtliche an diesem Buch direkt und
indirekt beteiligten Personen lehnen jegliche Haftung für Schäden ab,
die durch das lesen, interpretieren, nachmachen und umsetzen der in
diesem Buch gezeigten Übungen und Thesen entstehen könnten.

Pferde sind große, starke Lebewesen und aufgrund ihrer Verhaltens-
muster als Fluchttiere eine potentielle Gefahrenquelle für den Menschen.

Lassen Sie beim Umgang und Training mit Pferden immer ausreichend Sorgsamkeit und Vorsicht walten. Üben Sie die in diesem Buch
aufgeführten Übungen nur auf einem sicher umzäunten Reitplatz.
Tragen Sie stets festes Schuhwerk (ideal: Stahlkappenschuhe knöchel-
hoch!) sowie Reithandschuhe. Achten Sie bei Ihrem Pferd stets darauf,
dass die Ausrüstung 100% paßt und es körperlich und geistig in der
Lage ist die neuen Übungen zu erlernen.

Copyright © 2012 by Cadmos Verlag, Schwarzenbek
2. Auflage 2016
Gestaltung: Ravenstein + Partner, Verden
Satz: Johanna Böhm, Dassendorf
Titelfoto: Christiane Slawik
Fotos im Innenteil: Christiane Slawik
Lektorat: Alessandra Kreibaum
Druck: Westermann Druck, Zwickau

Deutsche Nationalbibliothek – CIP-Einheitsaufnahme
Die Deutsche Nationalbibliothek verzeichnet diese Publikation
in der Deutschen Nationalbibliografie; detaillierte bibliografische
Daten sind im Internet über http://dnb.ddb.de abrufbar.

Printed in Germany

ISBN: 978-3-8404-1505-0

Kreative
Doppellongen-
arbeit

Die neue **Reiter**praxis

CADMOS

Inhalt

Doppellongenarbeit ist wie „Reiten am Boden" – genauso schwierig oder auch genauso leicht!

Vom „**wilden Longieren**" oder: Wie es zu diesem Buch kam

„Kannst du longieren?"

>> „Na klar."

„Und wie longierst du ein Pferd?"

Spätestens jetzt beginnt mein Gegenüber meist zu zögern.

>> „Ja, ich hänge das Pferd an die Longe ...
... und lass es laufen ..."

Sie glauben gar nicht, wie oft ich schon solche oder ähnliche Gespräche geführt habe! Viele Pferdeleute sind der Ansicht, Longieren und „das Pferdzentrifugieren" wären das Gleiche.

Mein Mann entdeckte für die Unsitte, Pferde an der Longe vor dem Reiten „abzugaloppieren" – ebenfalls weit verbreitet –, sogar eine eigene Wortkreation. Er nennt diese Art des Longierens die „Pferdeschleuder", in Anlehnung an unsere Salatschleuder zu Hause. Das hat weder etwas mit Ausbildung noch mit Erziehung zu tun – genau genommen ist es sogar enorm schädlich für Körper und Geist eines Pferdes, es wie wild im Kreis umherzujagen!

Neben der „Pferdeschleuder" gibt es aber auch noch eine weitere, noch viel schädlichere Unsitte des Longierens. Da mein Mann für die erste Wortkreation verantwortlich zeichnet, suchte und fand ich ein Wort für die zweite Unsitte des „wilden Longierens". Ich nenne sie das „rasende Weihnachtspaket". Sie haben es sicherlich in dem einen oder anderen Reitstall auch schon gesehen: Pferde, die mit einem Wirrwarr an unterschiedlichen Riemchen an Kopf, Körper und Longiergurt fertig „in Position gestellt" in die Halle gebracht werden. Ohne Aufwärmen oder Lockern geht es gleich zur Sache. Kaum lässt „Mensch" die Leine locker, rast das Pferd ähnlich wie in der „Pferdeschleuder" los. Der Unterschied ist aber, dass ihm mit eher schlecht als recht verschnallten Hilfsriemchen der Kopf in die gewünschte Position gezerrt wird.

Einmal habe ich sogar mal einen Teilnehmer am ersten Tag eines Longierabzeichenlehrgangs gesehen, der sein Pferdchen dem Kursleiter mit Schlaufzügeln und Kandare präsentierte. Auch dieser Teilnehmer hatte bei der Anmeldung gesagt, schon seit Jahren richtig zu longieren.

Die korrekte Haltung eines Pferdes entscheidet nicht der Mensch, sondern die Anatomie des Pferdes. Hier eine korrekte, recht hohe Aufrichtung.

Leider kann man richtiges Longieren kaum in einer Reitschule lernen. Somit hat der interessierte Freizeitreiter kaum Chancen, fachgerechte Arbeit an der Longe Schritt für Schritt zu lernen. Die Vielfalt der Longiermethoden macht es auch nicht gerade einfacher, das Passende zu finden.

Besonders im Bereich des neumodischen Horsemanship und „Pferdegeflüsters" finden sich die skurrilsten Longiermethoden. Da sieht man sogar auf Messen namhafte Vertreter der einen oder anderen Methode, wie sie ihr völlig steifes Pferd am 3-Meter-Strick in falscher Biegung um sich „herumzentrifugieren" – und dabei noch von Gymnastik oder Spiel reden!

Um es gleich klarzustellen: Alles unter einem Radius von mindestens 6 Metern ist kein Longieren. Und ein Pferd auf enger Bahn am schlecht sitzenden „Spezial-Guru-Halfter" mit Schwingen des Seilendes um sich herumlaufen zu lassen, ist vielleicht ein netter Showeffekt – aber mit Gymnastizierung, Takt, Losgelassenheit oder gar Muskelaufbau hat das leider nichts zu tun.

Das dauerhafte Longieren eines Pferdes auf einem zu engen Kreis ist für den Bewegungsapparat äußerst schädlich. Gut ausgebildete und entsprechend bemuskelte Pferde können auch mal kurzzeitig auf einem engeren Kreis bewegt werden – allerdings nur dann, wenn sie vorher entsprechend gymnastiziert wurden. Das ist wie bei der Galopppirouette: Natürlich ist ein Pferd zu einer solchen Bewegung fähig – allerdings erst, wenn es schon gut ausbalanciert mit Reitergewicht galoppieren kann, zuvor entsprechend warm gemacht und gelockert wurde und diese Lektion nur für Sekunden und nicht für Stunden ausführen muss.

So verhält es sich auch beim Longieren – auch hier gilt in vollem Umfang die Skala der Ausbildung. An erster Stelle steht der Takt – und wie soll ein Pferd auf einem viel zu engen Zirkel überhaupt einen Takt finden? Von Losgelassenheit und Schwung brauchen wir dann gar nicht zu reden.

Doch wie weit der Weg zum guten und vor allem effektiven Longieren sein kann, habe ich mit meinen Pferden selbst erlebt. Es ist eine langfristige Ausbildung und nichts, was man mal eben schnell nebenher macht. Bei meinen Pferden steht zweimal Longieren pro Woche fest auf

dem Programm. Jeder seinem Körperbau, seiner Ausbildung und seinem Alter entsprechend!

Dass meine Pferde an der Longe wohl wirklich sehr brav sind, im Vergleich zu anderen, ist mir an den Reaktionen vieler Zuschauer auf unseren Shows schon des Öfteren klar geworden. Meistens war das Longieren gar nicht Teil der Show, sondern ich habe meine Pferde damit immer ruhig und gesittet aufgewärmt. Witzigerweise haben Shadow und Starlight damit auch schon Trauben von Zuschauern angezogen.

Die Frage nach Longierkursen ist in den letzten Jahren immer größer geworden. Vor allem das gewaltfreie und dennoch gymnastizierende Longieren ist gefragt. Und davon handelt dieses Buch …

Hier eine dem Körperbau entsprechende, relative Versammlung.

Ein schöner Kappzaum, an dem man
auch ein Gebiss einschnallen kann.
Besonders für die Ausbildung junger
Pferde sehr empfehlenswert!

Ausrüstung und ihre
korrekte Anwendung

Auf eine gute Ausrüstung sollte immer Wert gelegt werden. Doch gerade bei der Longierausrüstung meinen viele Reiter, sparen zu können. Das dachte ich am Anfang auch – doch der Billigkappzaum zerfiel beim zweiten Longieren in seine Einzelbestandteile und der Billiggurt löste sich langsam, aber sicher nach zehnmaligem Benutzen auf. Da das nicht nur nervig, sondern auch gefährlich ist, verwende ich zum Longieren immer Ausrüstung im mittleren Preissegment – „Made in Germany" steht auf jeden Fall für gute Qualität.

Longen und Langzügel

Einfache Longierleinen gibt es bereits ab 15 Euro. Beim Kauf einer Longe haben Sie die Wahl zwischen zwei Grundausführungen: runde Longen aus Seil, die gerade bei Westernreitern und Anhängern der Horsemanship-Methoden beliebt sind, und Gurtlongen, die man eher im klassischen Segment findet. Ich habe bei meinen Kursen immer beide Varianten dabei. Es ist schlichtweg Geschmackssache!

Achten Sie in beiden Fällen jedoch darauf, dass die Longe aus gutem Material besteht, sich bei Zug nicht dehnt und der Schnapphaken gut eingenäht ist. Persönlich mag ich Longen mit einem einfachen Karabiner am liebsten. Die Länge der Longe sollte immer mindestens 8 Meter betragen. Eine Handschlaufe am Ende ist praktisch. Das verleitet aber dazu, sich die Schlaufe um das Handgelenk zu schlingen, was fatale Folgen haben kann.

Beim Kauf einer Doppellonge haben Sie ebenfalls die Wahl zwischen den oben genannten Materialien. Ich selbst bevorzuge Gurtlongen, die jedoch an den beiden Enden rund genäht sind – das erlaubt ein besseres Gleiten der Longe durch die Ringe. Die Doppellonge sollte mindestens 16 Meter Gesamtlänge haben. An den Enden finden sich meist normale Karabiner oder auch Zügelsnaps.

Wenn Sie Ihr Pferd gebisslos an der Doppellonge arbeiten wollen, nehmen Sie das Kopfstück am besten mit, wenn Sie eine Doppellonge kaufen. Denn manche Karabiner sind einfach zu groß, um sie in der Zweitverschnallung durch die kleinen Ringe des Kappzaums oder Halfters zu fädeln. Gute Doppellongen aus stabilem Gurtband sind meist bereits ab 25 Euro zu haben. Alternativ zu einer „geschlossenen" Doppellonge von 16 Metern kann man auch zwei normale Longen für die Doppellongenarbeit nehmen. Auch hier ist es wieder reine Geschmackssache.

Der Kauf eines guten Langzügels gestaltet sich schon etwas schwieriger. Da dies kein Massenprodukt wie eine Longe ist, findet man so etwas eher selten. Man kann sich einen Langzügel aber auch leicht selbst anfertigen. Eine normale Longe ist hierzu schon ausreichend: Schneiden Sie die Handschlaufe ab und lassen Sie an diesem Ende einen Karabiner einarbeiten – ein guter Schuster macht so was für ein paar Euro!

Wer einen Langzügel für Showauftritte sucht, der kann auch im Baumarkt fündig werden. Hier findet man oft im Segelbedarf schöne, auch dünne Leinen aus Yachtschot oder Reepschnur. Eine Dicke von 8 bis 10 Millimetern ist ausreichend und liegt gut in der Hand. An den Enden arbeiten Sie dann einfach zwei Zügelsnaps ein.

Ein Langzügel sollte, je nach Größe des Pferdes, eine Gesamtlänge von 8 bis 10 Metern haben. Bei Shadow (Stockmaß 155 Zentimeter und sehr langer Rücken) benutze ich einen mit 8 Metern. Bei Blues Starlight (Stockmaß 138 Zentimeter und sehr kurzer Rücken) wären auch 6 Meter ausreichend. Es spricht auch nichts dagegen, die komplette Langzügelarbeit mit der ohnehin vorhandenen Doppellonge zu absolvieren!

Longiergurte

Bei Longiergurten kann man viel Geld für viel Unnützes ausgeben. Daher gebe ich hier ein paar kurze Stichpunkte, wie Sie auch für wenig Geld einen guten Longiergurt finden können:

- Der Gurt sollte viele Ringe in möglichst kleinen Abständen besitzen. So können Sie die Hilfszügel individuell für jeden Ausbildungsstand verschnallen.

- Ein Ring auf jeder Seite muss genau auf der Höhe des Buggelenks des Pferdes sein, ein weiterer zwei Handbreit darüber und ein dritter weitere zwei Handbreit über dem zweiten Ring. Das ist das Minimum an Ringen, das Sie benötigen.

Ein guter Longiergurt ist stabil, größenvariabel und hat viele große Ringe, um die Zügelführung individuell an jedes Pferd anzupassen.

- Suchen Sie nach einem weich ge-
polsterten Gurt. Keine der Nähte oder
anderen Teile dürfen sich rau oder
piksig anfühlen.

- Die Ringe sollten aus Metall sein.
Achtung: Bei Billiggurten sind es manchmal
silbern angemalte Keramikringe.

- Bei einem Nylongurt: Alle Gurtungslöcher
sollten mit stabilen Ösen ummantelt sein,
sonst franst das Material zu schnell aus.

- Bei einem Ledergurt: Achten Sie auf
weiches, aber dennoch dickes Leder, das
sich gut handhaben lässt und nicht
spröde wirkt.

- Die Gurtstrippen sollten möglichst lang
sein, mit vielen Löchern in kleinen Abständen
und am besten mit normaler englischer
Gurtung. Dann können Sie den normalen
Sattelgurt nehmen und somit den Longiergurt für mehrere Pferde verwenden.

Ich selbst habe einen Nylongurt für 30 Euro
und einen Ledergurt für 80 Euro im täg-
lichen Gebrauch und bin mit beiden zufrieden,
obwohl mir persönlich der Ledergurt etwas
mehr liegt.

Welche Gerte wofür?

Es gibt eine Vielzahl an „Stöckchen", die als Lon-
giergerten verkauft werden. Für das „normale" Longieren in einem 8-Meter-Radius sollte die Gerte eine Stocklänge von mindestens 2
bis 3 Metern und einen Schlag haben, der so

lang ist, dass Sie das Pferd auf Maximalradius
(8 Meter) mit ausgestrecktem Arm erreichen
können.

In einem Sportgeschäft habe ich eine günstige
Alternative zu den oft teuren Voltigier- und Lon-
gierpeitschen entdeckt: Angelruten! Ruten für das
Fliegenfischen (die ohne Schnurrolle) sind sehr
leicht, lassen sich zusammenschieben, sind dann
zwischen 2 und 4 Meter lang und kosten meist
weniger als 20 Euro. Wenn Sie schon im Sportgeschäft sind, machen Sie doch einen Abstecher
in die Bergsteiger- oder Seglerabteilung und halten Ausschau nach sogenannter Reepschnur. Davon wählen Sie die leichteste und dünnste aus. An
das Ende Ihrer selbst gebauten Longierpeitsche
binden Sie einen richtigen Peitschenschlag, den
Sie im Pferdefachgeschäft für 2 bis 3 Euro kaufen können. Der Knoten, mit dem Sie diesen befestigen, beschwert die Reepschnur am Ende
ausreichend, damit sie ein gutes „Flugverhalten"
entwickelt.

Für die Arbeit am Langzügel verwende ich
gern normale Bogenpeitschen aus dem Fahrsport. Hierbei sollten Sie eine Länge wählen, die
es Ihnen ermöglicht, mindestens 2 bis 3 Meter
Abstand vom Pferd zu halten – denn jedes Pferd
kann einmal im Reflex die Hinterhand heben und
nach dem Störenfried Peitsche auskeilen. Dazu, wie Sie den Mindestabstand am Langzügel
ausrechnen können, finden Sie mehr im Kapitel
„Arbeit am Langzügel".

Trense, Kappzaum
oder Halfter?

Manche sagen, es geht nur mit, andere sagen,
nur ohne ist korrekt. Leider gibt es keine Pau-
schalantwort, ob das gebisslose Longieren die

bessere Variante ist oder doch das klassische Longieren auf Trense.

Laut FN wird ein Pferd auf Wassertrense longiert, da dies in der Ausbildung ein Einsteigergebiss darstellt. Dem ist auch nichts entgegenzusetzen. Wenn die Wassertrense richtig passt, der Longenführer eine feine Hand hat und das Pferd in Ruhe an Longe und Hilfszügel gewöhnt wurde, spricht nichts dagegen, mit einer einfach oder doppelt gebrochenen Wassertrense zu longieren. Gebisse mit einer Hebelwirkung sollten beim Longieren auf keinen Fall verwendet werden.

Mittlerweile immer häufiger anzutreffen ist der Kappzaum. Aber viele Reiter wissen nicht, wie ein Kappzaum wirklich sitzen sollte und wie er verwendet wird. Ein Kappzaum „von der Stange" passt leider nur selten, da jede Pferdenase anders ist. Wer Western und mit Bosal reitet, der weiß, wovon ich spreche: Es ist fast unmöglich, ein Bosal zu finden, das zu 100 Prozent passt.

Deshalb sollten Sie sich beim Kauf eines Kappzaums immer von einem Fachmann beraten lassen. Achten Sie besonders darauf, dass der Kappzaum stabil und weich ist, also dem Pferd nicht zu stark auf der Nase drückt. Je schmaler der Nasenriemen, desto schärfer wirkt der Kappzaum. Von der spanischen Serreta, ebenfalls eine Variante des Kappzaums, sollten Sie die Finger lassen. Sie ist zu scharf und kann enormen Schaden anrichten.

Oft wird auch am Halfter longiert. Dagegen spricht prinzipiell nichts – wenn das Halfter richtig sitzt. Ich bevorzuge beim Longieren junger Pferde ein einfaches Lederhalfter, an das ich einen zusätzlichen Stirnriemen angebracht habe. Damit verhindere ich, dass sich das Genickstück in der Bewegung immer weiter Richtung Pferdehals schiebt und die richtige Einwirkung verloren geht. Für das Lederhalfter und den passenden Stirnriemen müssen Sie mit etwa 30 Euro rechnen.

Für die Langzügelarbeit setze ich gern ein spezielles Knotenhalfter ein, das ich nach meinen Vorstellungen habe machen lassen. Es hat ein umwickeltes Nasenteil und zusätzlich seitliche Ringe, die mir eine Einwirkung wie bei einem Sidepull ermöglichen. Dieses spezielle Halfter lässt sich sehr vielseitig für Bodenarbeit, Langzügel und zum Reiten verwenden. Doch auch ein normales Knotenhalfter mit seitlich eingearbeiteten Ringen kann diesen Zweck halbwegs erfüllen.

Cavaletti und Bodenstangen

Für das Gymnastizieren des Pferdes an den Longen sind auch Bodenstangen und Cavaletti sehr hilfreich. Das Pferd kann sein Körpergefühl, Takt und Raumgriff verbessern –

im späteren Training sogar Aktion und Sprungmanier. Und Bodenstangen müssen nicht teuer sein. Rundhölzer aus dem Baumarkt von mindestens 2 Metern Länge und ohne Spitzen eignen sich ebenso wie Kanthölzer, die Sie auch im Baumarkt finden. Zum Schutz vor Wind und Wetter sollten Sie das Holz zumindest einmal gründlich streichen.

Cavaletti sind in der Herstellung schon etwas aufwendiger, aber es gibt Alternativen zu dem klassischen Cavalettikreuz. Sie können beispielsweise eine Reihe stabiler Maurereimer (die kleinen) aus dem Baumarkt verwenden. Drehen Sie diese um und sägen an der Kante des Bodens eine Vertiefung hinein, in die Sie das Ende der Bodenstange legen können. Alternativ gibt es kleine Plastikaufsätze für Pylonen. Damit können Sie Bodenstangen auf die Pylonen legen. Je nach Größe der Pylonen können Sie so auf einfache und günstige Art sogar kleine Sprünge bauen.

Ebenfalls recht schnell und günstig können Sie sich einen Cavalettiständer aus Holzrollen bauen. Dazu müssen Sie nur die Holzrollen an gewünschter Stelle mit der Motorsäge keilförmig einsägen, um die Stange auflegen zu können.

Wer keine Lust hat, immer die schweren Holzstangen zu schleppen, kann es auch mal mit Schwimmnudeln versuchen.

Arbeit an der
Doppellonge

Auch bei aller Vorsicht kann es
jedem passieren, dass das Pferd
übermütig wird. Dann gilt:
Versuchen Sie die Situation ruhig
in den Griff zu bekommen, aber
spielen Sie nie den Helden, wenn
es für Sie gefährlich wird!

Über Sinn und Zweck der Doppellongenarbeit

Doppellongenarbeit ist wie „Reiten vom Boden aus" – um es mal salopp auszudrücken. Aber auch das beste Longentraining kann das Reiten nicht ersetzen. Doch gerade die Doppellongenarbeit kann das Training unter dem Sattel in idealer Weise ergänzen. Die Doppellonge ersetzt sowohl die Zügel als auch die Schenkel, mit denen der Reiter das Pferd in die gewünschte Haltung weist.

Allerdings können Sie an der Doppellonge nicht so viel „schummeln" wie beim Reiten. Wenn Sie eine Longe zu kurz halten, können Sie das Pferd nicht unbewusst mit Schenkel und Kreuz doch auf der Bahn halten. Die Doppellongenarbeit erzieht zur absolut präzisen und sanften Hilfengebung – eine Eigenschaft, die später im Sattel erst wirklich feines Reiten ermöglicht.

Die Arbeit an der Doppellonge hat gegenüber dem normalen Longieren einen enormen Vorteil – sie ist viel flexibler. Annehmen, nachgeben, Stellung, Biegung – dazu reicht ein einziger Griff in die Doppellonge. Kein mühseliges Umschnallen und damit eine Zwangspause für das Pferd. Kein monotones Laufen im Kreis, sondern effektive Arbeit, die sich nicht einmal mehr auf eine reine Zirkelbahn beschränken muss.

Das Pferd profitiert von der Doppellongenarbeit insofern, dass es effektiv auf das Reiten oder Fahren vorbereitet wird. Es lernt, auf Zügelsignale die gewünschten Lektionen und Gangarten zu zeigen, die später auch mit Reiter von ihm gefordert werden – wird aber nicht durch zusätzliches Gewicht gestört. Das Pferd kann sich ganz auf die gewünschten Lektionen konzentrieren und muss nicht noch einen mehr oder minder geschickten Reiter auf seinem Rücken ausbalancieren.

Egal ob es später in Richtung Fahrsport ...

... oder Springen ...

... oder klassisches Reiten geht – die Arbeit an der Doppellonge bereitet jedes Pferd bestens auf seinen späteren Einsatz als Fahr- oder Reitpferd vor.

Die Muskulatur des Pferdes wird an der Doppellonge vielseitiger angesprochen und gefördert als beim normalen Longieren: An der Doppellonge können Sie unterschiedliche Muskelgruppen individueller ansprechen und so auch viel effektiver auf Haltungsprobleme des Pferdes eingehen. Schnell und problemlos korrigieren Sie mit einem Handgriff – im Idealfall, ohne den Bewegungsfluss des Pferdes zu stören. Das Pferd kann sich auf seinen Körper konzentrieren und zu einer Haltung finden, die wir als Versammlung bezeichnen. Dadurch wird es auf das Tragen des Reitergewichts vorbereitet.

Leider kursieren gerade in den letzten Jahren mehr oder minder dubiose Methoden, wie man Pferde angeblich schnell in die gewünschte Haltung bringen kann – leider oft auf Kosten der Gesundheit der Pferde.

Ein dauerhaftes Halten des Kopfes hinter der Senkrechten, im Extremfall bekannt als Rollkur, schädigt das Pferd auf Dauer körperlich und ist extrem schmerzhaft. Ein Pferd hat am Schädel etwas unterhalb der Ohren zwei kleine Knochenfortsätze. Wird es mechanisch hinter die Senkrechte gezwungen, blockieren diese beiden Knochen jegliche Seitwärtsbewegung des Halses, was ein taktklares, elastisches Voranschreiten absolut unmöglich macht.

Leider sieht man diese Unsitte nicht nur auf den großen Abreiteplätzen der Dressur- und Springreiter, sondern mittlerweile auch beim Longieren. Es ist ein Irrglaube, ein Pferd durch diese Haltung versammeln zu können. Denn Versammlung kommt nicht vom Kopf oder Hals, sondern von der Hinterhand!

Wenn die Hinterhand des Pferdes bei der sogenannten Hankenbiegung etwas abkippt, wird die Vorhand des Pferdes automatisch angehoben. Ob das dann mit hoher Kopfhaltung wie in der Dressur oder mit tiefer wie in der Reining erfolgt, ist Geschmacksache. In beiden Fällen muss der Rückenmuskel sich frei aufwölben können, und das setzt gute Bauchmuskulatur voraus.

Wenn der Kopf des Pferdes nur mechanisch in eine hohe und/oder eingerollte Position gezwungen wird – dann ist das keine Versammlung, sondern Tierquälerei! Denn oft hängt der Rücken der Pferde in dieser „Showversammlung" völlig durch und sie sind dermaßen blockiert, dass sie gar nicht mehr mit der Hinterhand untertreten könnten. Dabei ist es egal, ob man den hohen Spannungsbogen erzeugen will, den man vom guten Dressurreiten her kennt, oder den nicht minder schwierigen tiefen Spannungsbogen, wie man ihn bei sehr gut gerittenen Westernpferden in verschiedenen Disziplinen sehen kann. Beide Spannungsbögen lassen sich nur durch ein Abkippen in der Hüfte und ein Aufwölben des Rückens erzeugen.

Meine Pferde haben ganz unterschiedliche Arten der Versammlung: Wenn Shadow beim „Tänzchen", seiner ganz eigenen Version eines Piaffeansatzes, im Rücken immer kürzer und hinten immer tiefer wird, dann sehe ich den hohen Spannungsbogen: völlig ohne Drücken und Ziehen, nicht weil er es muss, sondern weil er es will. Den tiefen Spannungsbogen sehe ich, wenn Blues Starlight am lockeren Zügel im Sliding Stop seinem Spitznamen, „Pony-Klappmesser", wieder alle Ehre macht.

Die Doppellonge ermöglicht es, eine aktive Hinterhand, die später für das Versammeln notwendig ist, gezielt und pferdegerecht zu fördern. Durch das Führen der äußeren

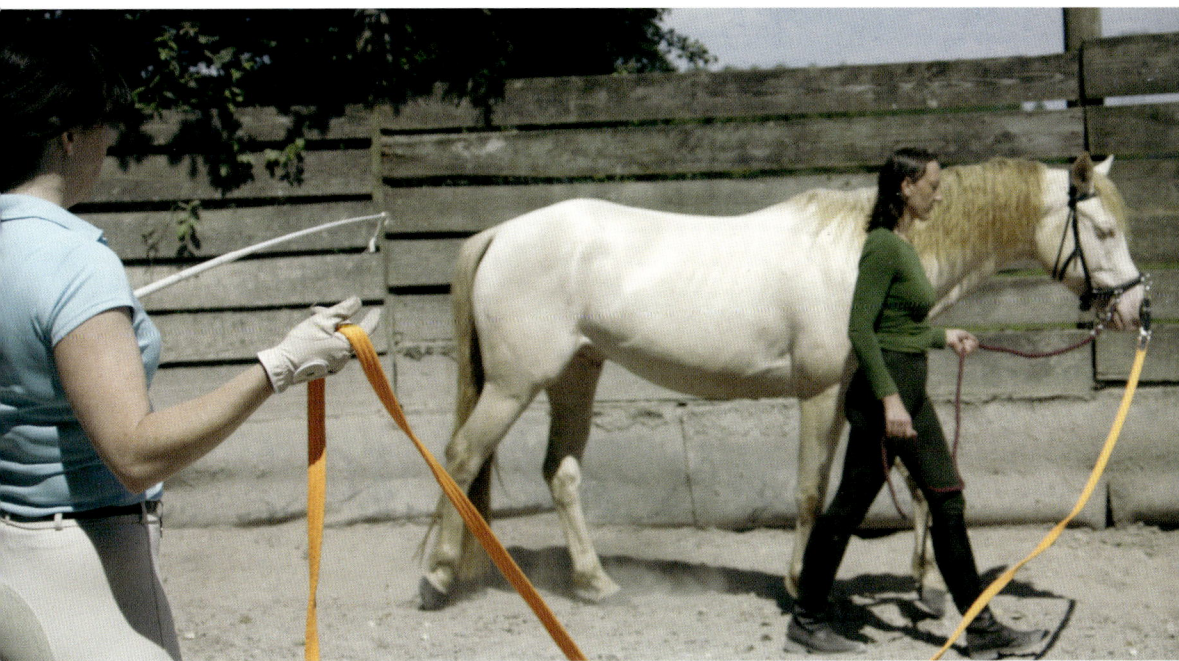

Bevor man überhaupt an die Doppellongenarbeit denken kann, muss das Pferd an der normalen Longe korrekt anlongiert sein.

Longe über den Hanken des Pferdes wird die Hinterhand ganz sanft zu vermehrtem Untertritt animiert. Die Doppellonge zeigt dem Pferd durch ihre Führung genau, wo es anfängt und aufhört, und animiert es dadurch, sich zusammenzunehmen.

Vorbereitende Übungen

Bevor Sie Ihrem Pferd die Doppellonge anschnallen, müssen Sie Ihren vierbeinigen Partner und auch sich selbst darauf entsprechend vorbereiten.

Ein kurzer Ausflug in die Round-Pen-Arbeit

Um das Pferd auf das Longieren generell vorzubereiten, empfiehlt es sich, zunächst die normale Round-Pen-Basisarbeit zu absolvieren. Dabei lernt das Pferd auf verständliche Weise, den

Menschen in der Mitte des Zirkels als Autorität zu akzeptieren. Ohne körperlichen Druck wird es auf die späteren Basislektionen des Longierens – wie beispielsweise Gangartenwechsel und Handwechsel – vorbereitet. An dieser Stelle die Round-Pen-Arbeit auch nur in groben Zügen zu erklären, würde den Rahmen dieses Buches sprengen. In meinem Buch *Vom Round Pen zur Freiheitsdressur* finden Sie die Basisarbeit im Round Pen, die eine sehr gute Vorbereitung auf das Longieren darstellt. Speziell für jüngere Pferde finden Sie auch eine Anleitung in *Junges Pferd – was nun*?

Vorher normal longieren?
Es empfiehlt sich auf jeden Fall, das Pferd vor der Doppellongenarbeit an der normalen Longe korrekt auszubilden. Dieses Thema würde jedoch hier zu weit führen. Daher sei nur so viel zum normalen Longieren nach FN gesagt: Longieren

sollte nicht dazu dienen, das Pferd vor der eigentlichen Arbeit müde zu machen, um es dann besser kontrollieren zu können.

Leider ist die Unsitte des „Ablongierens" in vielen Reitställen verbreitet. Die Pferde werden einfach an der Longe „laufen gelassen", und das gleich von Anfang an in hohem Tempo. Wenn Sie Ihrem Pferd die Gelegenheit geben wollen, sich auszutoben, stellen Sie es mit anderen Pferden auf eine große Weide. Viele Reiter longieren ihre Pferde insgeheim aus einem ganz anderen Grund vor jedem Reiten ab – aus Angst.

Longieren sollte einem anderen Zweck dienen. Durch gutes Longieren lernt das Pferd, sich selbst zu tragen. Es findet in eine Haltung, in der sein absolut nicht auf Gewichttragen ausgelegter Rücken in die Lage kommt, einen Menschen ohne größeren gesundheitlichen Schaden zu tragen. Ein Pferd zu reiten, das weder körperlich noch psychisch in der Lage dazu ist, ist in meinen Augen Tierquälerei!

Durch das Longieren lernt das Pferd die Signale, die wir später beim Reiten verwenden, in Ruhe vom Boden aus kennen. Mit Bedacht und Verstand eingesetzte Hilfszügel, wie der Dreiecks- oder Laufferzügel, können unserem Pferd den Weg in die für das Tragen des Reiters „gesunde" Haltung zeigen. Vom Verwenden anderer Hilfszügel rate ich dem Freizeitreiter jedoch eindrücklich ab.

Auch durch abwechslungsreiche Arbeit an der Longe können Sie das Körpergefühl des Pferdes verbessern – besonders, wenn Sie auch Bodenstangen und Cavaletti verwenden. Die ersten beiden Punkte der für alle Reitweisen geltenden Ausbildungsskala – Takt und Losgelassenheit – lassen sich an der Longe wesentlich leichter und stressfreier erarbeiten als unter dem Sattel.

Leider werden in den wenigsten Ställen Longierkurse angeboten – obwohl das Longieren offiziell zur Ausbildungsskala der FN gehört. Wer sein Pferd ruhig, gut und stressfrei an das normale Longieren gewöhnen möchte, dem empfehle ich *Longieren leicht gemacht, Cadmos*. Wer sein Können an der normalen Longe überprüfen möchte, dem rate ich zum Kleinen Longierabzeichen. Mit dem Bronzenen Longierabzeichen haben sowohl Ihr Pferd als auch Sie beste Voraussetzungen für den Einstieg in die Doppellongenarbeit.

Handhabung der Doppellonge – Trockenübungen

Bevor Sie mit der Doppellonge arbeiten, sollten Sie sich zunächst ganz in Ruhe mit dem neuen Trainingsmaterial vertraut machen. Befestigen Sie die Longenenden am Anbindeplatz oder an einem Stuhl und beginnen Sie mit der ersten Trockenübung: das Halten der Longe einhändig und zweihändig.

Erst wenn Sie sich mit der Longe sicher fühlen, gehen Sie zur nächsten Trockenübung über. Dazu brauchen Sie einen freundlichen Helfer, der das Pferd spielt. Er nimmt die Longenenden in beide Hände, sodass die „äußere" Longe hinter seinem Rücken läuft. Dem Helfer fällt es am leichtesten, die Signale zu deuten, wenn er die Hände und Arme ähnlich wie beim klassischen Dressurreiten hält: Ellenbogen an den Körper, Unterarme im 90-Grad-Winkel nach vorn und beide Longenenden gehalten wie klassische Zügel.

Nun beginnen Sie mit Ihrem zweibeinigen Pferd alle Übungen der Doppellongenbasics durchzuspielen. Fangen Sie mit dem Auslassen des Pferdes auf den Zirkel an. Dies sollte immer flüssig erfolgen, ohne ruckartige Bewegungen an der Longe und ohne auf die Longe zu schauen. Ihr zweibeiniges „Pferd" sollte schnell Feedback geben, sodass sich Fehler erst gar nicht einschleichen.

Üben Sie immer gleich beide Varianten der Longenführung – denn Sie wissen ja noch nicht, welche Handhabung sich später als die beste für Sie und Ihr Pferd herausstellen wird. Nach dem Auslassen des Pferdes üben Sie wieder das Verkleinern des Zirkels, dann die Wendungen.

Der Punkt, an dem Sie das erste Mal mit dem Pferd die Doppellongenarbeit versuchen können, ist erreicht, wenn

Eine Möglichkeit der beidhändigen Longenführung.

- Sie alle Handgriffe und Übungen durchführen können, ohne auch nur einmal auf die Longe zu sehen,

- alle Bewegungen der Longe und des Longenführers ruhig, geschmeidig und sanft ablaufen,

- das „Zweibeinerpferd" in neun von zehn Fällen bestätigt, dass das Signal richtig und verständlich angekommen ist, und

- der Longenführer nicht mehr über die einzelnen Phasen einer Übung nachdenken muss, sondern sie automatisch und flüssig ausführt.

Das erste Mal an der Doppellonge

Endlich ist es so weit: Sie und Ihr Pferd beherrschen das normale Longieren bereits auf Niveau des Kleinen Longierabzeichens und möchten

Eine Möglichkeit der einhändigen Longenführung.

nun zur Arbeit an der Doppellonge übergehen.

Hierbei gilt es einige Sicherheitsvorkehrungen zu beachten, sodass dieser große Schritt für Pferd und Mensch stress- und gefahrenfrei erfolgen kann:

- Üben Sie zunächst alle Handgriffe der Doppellongenarbeit ohne Pferd – und zwar so lange, bis Sie diese fließend beherrschen, ohne auf die Longe sehen zu müssen.

- Überprüfen Sie vor dem ersten Anlegen der Doppellonge unbedingt die komplette Ausrüstung von Pferd und Mensch genau auf Fehler und/oder Schwachstellen.

- Wählen Sie einen Tag und eine Zeit, wo Sie mit Ihrem Pferd ganz in Ruhe üben können. Nichts ist störender als ein Haufen kommentierfreudiger Stallkollegen, die Pferd und Mensch nur nervös machen.

- Suchen Sie sich einen kundigen, routinierten Reitlehrer oder Reitkollegen, der die Arbeit an der Doppellonge beherrscht, zum Beispiel das Silberne Longierabzeichen besitzt, und der Sie am Anfang unterstützt.

- Die ersten Versuche an der Doppellonge sollten nur im Round Pen erfolgen. Ist kein Round Pen vorhanden, können Sie auch auf dem Reitplatz ein Quadrat von 20 mal 20 Metern abtrennen. Die Abtrennung sollte zwar stabil sein, aber keine zusätzliche Gefahrenquelle für Pferd und Mensch darstellen.

- Lassen Sie sich Zeit und gewöhnen Sie Ihr Pferd über mehrere Tage in Ruhe in den einzelnen Lernschritten an die neue Longiermethode. Je ruhiger alles abläuft, desto geringer sind das Risiko und der Stressfaktor für Pferd und Mensch.

- Trainieren Sie in der Gewöhnungsphase maximal 30 Minuten. 10 Minuten davon gehören immer dem Aufwärmen.

Bevor Sie Ihr Pferd im Round Pen oder abgeteilten Platz an die Doppellonge nehmen, wärmen Sie es 10 bis 15 Minuten an der normalen Longe leicht auf – am besten ganz ohne Hilfszügel. Ihr Pferd soll sich einfach nur warm laufen und geistig auf die anstehende Trainingseinheit vorbereiten können. Entfernen Sie dann die normale Longe und beginnen mit der ersten Verschnallung der Doppellonge.

Da wir in dieser Gewöhnungsphase weder an der Haltung des Pferdes arbeiten noch bestimmte Lektionen abrufen wollen, können Sie einen Kappzaum oder ein „Longierhalfter" mit zusätzlichem Stirnriemen verwenden. Wenn Ihr Pferd schon routiniert an der normalen Longe geht, können Sie auch das normale „Longierkopfstück" mit Wassertrense nehmen. Zur eigenen Sicherheit sollten Sie anfangs auf jeden Fall Handschuhe und festes Schuhwerk tragen.

Wenn Sie sich und Ihrem Pferd den Übergang an die Doppellonge so einfach wie möglich machen wollen, bitten Sie einen fachkundigen Reitkollegen oder Reitlehrer, Ihnen bei dieser Umstellphase zur Seite zu stehen.

Die erste Verschnallung

Die erste Verschnallung der Doppellonge gewöhnt Ihr Pferd daran, dass jetzt auch eine Longe auf der anderen Seite des Körpers ist. Dazu schnallen Sie das „innere" Longenende seitlich am Kopfstück ein (am inneren Trensenring/Kappzaumring). Das äußere Longenende wird anders verschnallt:

- Legen Sie das Longenende hinter dem Longiergurt über den Rücken des Pferdes,

- führen es auf der „äußeren" Seite durch den Ring am Longiergurt, der sich auf der Höhe des Buggelenks befindet, und

- schnallen das Ende in den äußeren Trensen- oder Kappzaumring ein.

Jetzt schicken Sie Ihr Pferd ruhig im Schritt auf den Hufschlag. Sollte es zögern, ist ein Helfer vorteilhaft, der ein Stück mit dem Pferd mitläuft und ihm in der ungewohnten Situation etwas Sicherheit vermittelt. Wenn sich Ihr Pferd im Schritt einige Runden lang völlig entspannt in die neue Situation eingefunden hat, bitten Sie es, langsam anzutraben. Klappt alles auch problemlos im Trab, können Sie auch eine kleine Runde Galopp versuchen.

Hat auf dieser Seite alles funktioniert, halten Sie Ihr Pferd an, gehen zu ihm hinaus auf

In der sicheren Umgebung des Round Pen lernt das Pferd die Doppellonge kennen: die erste Verschnallung.

den Hufschlag und loben Sie es ausgiebig. Wiederholen Sie das Ganze auf der anderen Seite und schnallen Sie die Doppellonge entsprechend um. Wenn sich Ihr Pferd auf beiden Seiten mit der ersten Verschnallung in allen Gangarten angefreundet hat, ist die Trainingseinheit für heute beendet. Gönnen Sie Ihrem Pferd am nächsten Tag eine Longierpause, machen Sie etwas anderes: einen kleinen Ausritt, Bodenarbeit, Zirkuslektionen, Spiele – was auch immer.

Erst nach mindestens einem Tag Longierpause wiederholen Sie das Ganze noch mal in Ruhe, danach machen Sie wieder mindestens einen Tag Pause. Wenn Ihr Pferd mit der Erstverschnallung sicher und ruhig in allen Gangarten kontrollierbar ist, also auch auf Kommando die Gangart prompt und willig wechselt, können Sie einen Schritt weitergehen.

Die zweite Verschnallung

Beginnen Sie heute das Aufwärmprogramm in der ersten Verschnallung, jeweils 5 Minuten in ruhigem Schritt und im Anschluss drei bis fünf Trabrunden auf beiden Seiten. Dann schnallen Sie etwas um:

- Führen Sie das innere Longenende zuerst durch den inneren Trensen- oder Kappzaumring und haken es am Longiergurt an einem Ring auf Buggelenkhöhe ein.

- Das äußere Longierende wird wieder wie in der Ersten Verschnallung verschnallt: über den Rücken führen, am Longiergurtring auf Höhe des Buggelenks durchführen und am Trensen- oder Kappzaumring einhaken.

Mit dieser zweiten Verschnallung können Sie schon ein wenig Einfluss auf die Stellung des Pferdes nehmen und auch langsam versuchen, es vom Hufschlag zu lösen. Gönnen Sie Ihrem Pferd aber mit dieser neuen Verschnallung auf jeden Fall wieder eine Gewöhnungsphase in allen Gangarten auf beiden Seiten.

Nachdem Sie das Pferd an diese neue Verschnallung gewöhnt haben, machen Sie wieder mindestens einen Tag Longierpause. Geben Sie auch hier Ihrem Pferd genug Zeit, um sich an die neue Verschnallung zu gewöhnen. Bewegt es sich ruhig und sicher in allen Gangarten, können Sie wieder einen Schritt weitergehen.

Die dritte Verschnallung

Die dritte Verschnallung ist mit der zweiten identisch, mit einem kleinen, aber für das Pferd gravierenden Unterschied: Die äußere Longe führt nicht mehr über den Rücken, sondern über das Sprunggelenk. Jetzt ist Ihr Pferd erstmals komplett zwischen den Leinen eingerahmt. Gehen Sie dabei bitte mit äußerster Vorsicht vor, denn bei vielen Pferden löst diese neue Position der äußeren Longe entweder einen Abwehr- oder einen Fluchtmechanismus aus.

Daher ist es sehr vorteilhaft, wenn Sie Ihr Pferd schon einige Tage zuvor an Berührungen am Sprunggelenk gewöhnen. Am einfachsten geht dies mit zwei Helfern. Diese stellen sich in mindestens 2 Metern Abstand rechts und links dem Pferd zur Seite, während Sie am Kopf des Pferdes stehen und es dort mit einem 3 Meter langen Bodenarbeitsstrick halten. Eine normale Longe liegt über dem Rücken des Pferdes, jeder Helfer hat ein Ende in der Hand.

Zweite Verschnallung: Damit hat man noch etwas mehr Kontrollmöglichkeit. Aber Achtung – durch das Umlenken der Longe verstärkt sich die Kraftübertragung um ein Vielfaches!

Die Helfer bewegen die Longe langsam auf dem Rücken des Pferdes vor und zurück – immer weiter in Richtung Schweif. Liegt die Longe direkt auf dem Schweifansatz, loben Sie Ihr Pferd ausgiebig. Geben Sie ihm ruhig einen kleinen Leckerbissen, während die Helfer die Longe langsam so weit weiter nach hinten schieben, bis sie über den Sprunggelenken liegt. Die Longe darf dabei keinen Druck auf das Pferd ausüben. Loben Sie Ihr Pferd weiter, und Ihre Helfer beginnen sanft, die Longe über den Sprunggelenken etwas hin und her zu bewegen. Ob Pendeln oder von rechts nach links Streichen – durch beide Varia-

tionen lernt das Pferd, dass eine Longe an dieser Stelle nichts Schlimmes ist.

Wenn diese Vorübung geklappt hat, machen Sie einen Tag Longierpause. Dann beginnen Sie das Training wieder in der zweiten Verschnallung und wärmen das Pferd 5 Minuten auf jeder Hand auf. Schieben Sie die äußere Longe vom Rücken aus langsam nach hinten, bis sie über den Sprunggelenken liegt. Lassen Sie das Pferd so im Schritt einige Runden gehen und loben Sie es ausgiebig mit der Stimme.

Achten Sie stets darauf, dass die äußere Longe nicht unter die Sprunggelenke rutscht.

Keinesfalls dürfen Sie auf dieser Longe Druck aufbauen oder daran ziehen. Durch die Bewegung der Hinterbeine schiebt sich die Longe normalerweise automatisch mit jedem Schritt wieder in die richtige Position. Die Longe darf nicht zu sehr durchhängen, aber auch nicht straff gespannt sein.

Gern kann in dieser Phase ein Helfer mitlaufen – aufgrund der Verschnallung jetzt unbedingt außen – und das Pferd streicheln, loben und mit dem einen oder anderen Leckerli motivieren. Funktioniert das Ganze im Schritt gut, kann der Helfer sich langsam zurückfallen lassen und den Round Pen verlassen. Fragen Sie nun ruhig und langsam den Trab in dieser Verschnallung an. Wenn dieser gut klappt, können Sie nach einer weiteren ausgiebigen Schrittphase von mindestens fünf Runden auch kurz in den Galopp gehen.

Gelingt das alles auf dieser Seite gut, halten Sie Ihr Pferd auf dem Hufschlag an, loben es ausgiebig und beginnen auf der anderen Hand Schritt für Schritt erneut. Nach dieser Lernphase gönnen Sie Ihrem Pferd bitte wieder einen Tag Longierpause, ehe Sie die dritte Verschnallung wiederholen. Zwischenziel sollte nach einiger Zeit sein, dass Ihr Pferd

Endverschnallung: Geschafft! Das Pferd geht locker in schöner Haltung in der endgültigen Arbeitsverschnallung der Longe.

28

sich schon zu Beginn des Trainings in der dritten Verschnallung sicher und entspannt in allen Gangarten bewegt.

Ist dies der Fall, können Sie dazu übergehen, das Pferd durch Verkleinern des Longierradius sanft Schritt für Schritt vom Hufschlag zu lösen. So lernt es, sicher umrahmt in der dritten Verschnallung, selbst die Zirkelbahn zu finden und zu halten. Achten Sie aber bitte sehr darauf, nicht zu viel an der inneren Longe zu zupfen. Durch die Verschnallung wirkt die Longe hier wie ein Schlaufzügel und muss entsprechend ruhig und sanft eingesetzt werden.

Sobald sich Ihr Pferd in allen Gangarten vom Hufschlag löst und auch auf dem dritten oder vierten Hufschlag in schöner Zirkelbahn longieren lässt, können Sie zur Endverschnallung übergehen.

Die Endverschnallung

Dies ist die klassische Verschnallung der Doppellonge, die meines Erachtens für Freizeitreiter besonders praktisch ist. Denn damit müssen Sie beim Seitenwechsel nicht mehr umschnallen. Die Endverschnallung sieht so aus:

- Das innere Longenende wird durch den Longierring auf Höhe des Buggelenks geführt und dann am Trensen- oder Kappzaumring eingehakt.

- Das äußere Longenende wird verschnallt wie das innere Longenende.
  Die äußere Longe führt vom Trensenring durch den Longierring an der kompletten äußeren Seite des Pferdes entlang zurück zum Longenführer. Sie ruht dabei mit nur leichtem Kontakt über den Sprunggelenken des Pferdes.

Basislektionen an der Doppellonge

Wenn Ihr Pferd sich mit der Endverschnallung in allen Gangarten wohlfühlt, können wir mit den Basislektionen der Doppellongenarbeit beginnen – wieder zunächst im Round Pen oder auf einem entsprechend abgeteilten Reitplatz. Zum Aufwärmen können Sie das Pferd entweder immer 5 Minuten auf jeder Hand normal im Schritt und zum Schluss kurz im Trab longieren – oder zur Abwechslung ein bisschen Round-Pen-Arbeit machen. Denn auch das Aufwärmprogramm sollte dem Pferd Spaß machen und abwechslungsreich sein.

Einfache Gangartenwechsel

Auch die einfachen Gangartenwechsel werden noch im Round Pen erarbeitet. Ihr Pferd sollte die Gangartenwechsel aber schon vom normalen Longieren her kennen und willig und flüssig ausführen. Wollen Sie es sich anfangs mit der Doppellonge etwas leichter machen, suchen Sie sich einen Helfer, der die Longierpeitsche hält und sie nur einsetzt, wenn Sie es anweisen.

Ich versuche, meine Pferde an der Doppellonge möglichst mit der Stimme zu lenken. Und jetzt ist der Zeitpunkt gekommen, die Gangartenwechsel durch spezielle Stimmkommandos einzuleiten. Das althergebrachte „Sche-ritt", „Te-rab" und „Ga-lopp" erweist sich hierbei für den Anfang als sehr effektiv. Wer es ein bisschen dezenter haben will, der kann auch drei unterschiedliche Schnalz- und Zischlaute einsetzen. Diese Kommandos verwende ich bei einfachen Gangartenwechseln:

- Antreten aus dem Stand in den Schritt: einfaches Zungenschnalzen

Das Pferd hat gelernt, sich von der Wand zu lösen und selbstständig eine Zirkelbahn zu finden.

- Vom Schritt in den Trab: zweifaches Zungenschnalzen

- Vom Trab in den Galopp: ein „Bussi", als wollten Sie jemandem einen Kuss auf die Wange geben

- Vom Galopp in den Trab: „Ss-ss", das erste in hoher Tonlage, das zweite etwas tiefer

- Vom Trab in den Schritt: ein lang gezogenes „Schschsch"

Wenn Sie lieber „Sche-ritt", „Te-rab" und „Ga-lopp" verwenden, müssen Sie bei der Betonung einen kleinen Unterschied machen, je nachdem, ob das Pferd aus der langsamen in die schnellere Gangart oder von der schnellen in die langsame Gangart wechselt. Bei einem Wechsel von der langsamen in die schnelle Gangart sagen Sie die erste Silbe des Kommandos lang gezogen in etwas tieferer Tonlage und die zweite Silbe kurz, prägnant und in etwas höherer Tonlage. Bei einem Wechsel von der schnellen in die langsame Gangart ist es etwas anders: die erste Silbe in etwas höherer Tonlage und recht kurz, die zweite Silbe in tieferer Tonlage und lang gezogen.

Wenn Sie Ihrem Pferd das erste Mal die Stimmkommandos geben, wird es sie nicht gleich auf Anhieb verstehen. Um dem Pferd den Übergang zu erleichtern, können Sie auch die Körpersprache einsetzen, die es aus der Round-Pen-Arbeit kennt. Dabei führen

Sie am besten die Doppellonge beidhändig und beschränken die Körpersignale auf einfache Positionsveränderungen.

Am Anfang können Sie mal den „hinteren" Arm heben, damit das Pferd antritt, oder den „vorderen", damit es langsamer wird. Reduzieren Sie die Signale aber schnell auf bloße Andeutungen. Sonst wird es später mit der konstanten Longenführung schwierig. Ihr Helfer mit der Longierpeitsche touchiert nur dann sanft, wenn das Pferd die neuen Signale zum Antreten in die nächsthöhere Gangart nicht versteht.

Führt Ihr Pferd diese einfachen Gangartenwechsel im Round Pen flüssig aus, nehmen Sie die Longierpeitsche selbst in die Hand. Ob Sie nun die Longe einhändig oder beidhändig führen, das ist Geschmackssache – probieren Sie einfach aus, was Ihnen und Ihrem Pferd am meisten liegt.

Anhalten und warten

Beim Longieren generell ist es enorm wichtig, dass das Pferd lernt, auf Kommando auch längere Zeit stehen zu bleiben. Es kann immer passieren, dass sich etwas von der Ausrüstung löst, Pferd oder Mensch sich irgendwie in der Longe verheddern oder eine Bodenstange etwas umgelegt werden muss. Daher hat das Anhalten und Stillstehen in der Ausbildung große Bedeutung.

Auch hier beginnt das Training wieder im Round Pen mit einem Helfer. Dieses Mal läuft der Helfer außen am Kopf des Pferdes mit. Voraussetzung dafür ist, dass sich das Pferd problemlos an der Doppellonge auch auf einer kleineren Zirkelbahn und deutlich von der Round-Pen-Wand gelöst longieren lässt.

Sie üben im Schritt: Um das Pferd anzuhalten, verwenden Sie wieder ein deutliches Stimmsignal. Ich nehme gern „Und halt", da dies, wie die anderen Stimmkommandos, zweisilbig ist. Auch hier sprechen Sie das erste Wort in etwas höherer Tonlage aus als die zweite. Alternativ können Sie auch einen „Zischlaut" einsetzen. Ich verwende ein kurzes, deutliches „Scht".

Um dem Pferd zu zeigen, was ich möchte, mache ich einen deutlichen letzten Schritt und stelle mich geschlossen in dem Moment hin, in dem ich das Stimmkommando gebe. Das meiste Gewicht ruht auf dem Bein, das dem Pferdekopf am nächsten ist. Um es noch klarer zu machen, können Sie zusätzlich langsam die Longierpeitsche in einer ruhigen Bewegung nach vorn nehmen, sodass beide Hände überkreuzt sind und die Spitze der Longierpeitsche vor dem Pferd auf den Boden zeigt.

Sollte das Pferd diese drei Signale – Beine schließen, Stimmkommando und Umlagern der Longierpeitsche – nicht verstehen, so kann der Helfer eingreifen. Egal, ob das Pferd durch das Signal des Longenführers oder des Helfers anhält, es wird umgehend für das Anhalten belohnt. Ob durch Streicheln oder eine kleine Leckerei, sei jedem selbst überlassen. Ich setze bis zur Festigung einer neuen Lektion zu Beginn auch mal gezielt Leckerli ein, da diese das Pferd motivieren – aber nur richtig eingesetzt!

Üben Sie das Anhalten im Rahmen des normalen Doppellongentrainings einige Male auf beiden Händen im Round Pen. Wenn das Anhalten auf Stimme ebenso gut klappt wie die einfachen Gangartenwechsel, können Sie sich mit Ihrem Pferd nun auf den Platz wagen. Die ersten Male ist es wieder hilfreich, einen Helfer dabeizuhaben, damit das neu Erlernte in aller Ruhe auch auf dem großen Reitplatz gefestigt werden kann.

Gelingen die einfachen Gangartenwechsel und das Anhalten auch ohne Helfer – und zu 90 Prozent über das Stimmkommando –, können Sie

Wenn sich das Pferd von der Wand gelöst hat, können Sie mit der Wendung nach außen beginnen.

Das Pferd wendet mit genügend Platz zur Bande ab ...

... und findet sich wieder auf dem neuen Hufschlag ein.

sich mit Ihrem Pferd auch damit auf den Reitplatz wagen und das neu Gelernte dort festigen.

Einfache Wendung nach außen

Bei der einfachen Wendung muss Ihr Bewegungsablauf fließend sein. Nur wenn Sie diese Übungen zuvor schon etliche Male ohne Pferd geübt haben, kann das Pferd später diese Lektion auch ruhig und im Bewegungsfluss ausführen:

- Zum Wenden holen Sie das Pferd zunächst auf eine kleinere Zirkelbahn, sodass nach außen hin genug Platz zum Wenden entsteht. Im Round Pen wenden Sie an der Doppellonge ausschließlich im Schritt.

- Die Longe führen Sie beidhändig.

- Etwa zwei Schritte vor dem gewählten Wendepunkt geben Sie ein Stimmsignal für die Wendung, zum Beispiel „Kehrt".

- Gleichzeitig zum Stimmsignal nehmen Sie die äußere Longe ruhig und gleichmäßig auf und lassen im gleichen Maß die innere Longe locker. So hat das Pferd die Möglichkeit, sich auf die andere Seite zu wenden. Achten Sie darauf, dem Pferd genug Raum zu geben, sodass es nicht auf der Stelle wenden muss, sondern eine Vorwärtsbewegung erhalten bleibt.

- Hat Ihr Pferd die Wendung abgeschlossen, entlassen Sie es auf den Hufschlag und nehmen die Longen in gewohnter Weise wieder auf.

Arbeiten Sie beim ersten Mal an der Doppellonge auf dem Reitplatz sicherheitshalber wieder in der dritten Verschnallung.

Weiterführende Lektionen

Jetzt haben Sie die Basics der Doppellongenarbeit zusammen mit Ihrem Pferd im Round Pen kennengelernt und können sich auf den Reitplatz wagen. Bitte beachten Sie hier aber einige wichtige Sicherheitsregeln:

- Auch wenn jetzt alles besser klappt: Ohne Handschuhe und festes Schuhwerk (Sicherheitsschuhe gibt es inzwischen recht günstig zu kaufen) wird nicht longiert!

- Der Platz muss sicher umzäunt sein und darf keine spitzen Gegenstände, Kanten oder Ecken aufweisen, an denen sich Pferd oder Mensch verletzen können.

- Bis zum Abschluss der Doppellongenausbildung ist es sicherer, wenn keine anderen Pferde oder Menschen in der Reitbahn sind.

- Arbeiten Sie aber niemals ganz allein mit dem Pferd. Passiert einmal etwas, sollte eine fähige Person, die im Fall der Fälle auch helfen kann, zumindest in Rufweite sein.

- Wenn Sie unsicher sind oder Probleme bekommen, suchen Sie sich lieber fachkundige Unterstützung, als selbst „herumzuprobieren", bis aus einem kleinen Problem eine Katastrophe wird.

Stellen Sie Ihr Pferd zur Wendung nach außen.

Dann folgt es dem Zügelsignal ...

... und findet sich wieder auf der neuen Zirkelbahn ein.

Die ersten Runden auf dem Reitplatz

Wenn Sie mit Ihrem Pferd an der Doppellonge das erste Mal auf den großen Reitplatz gehen, ist auch hier zu Beginn ein Helfer sehr vorteilhaft. Er kann die ersten Runden außen mit dem Pferd ruhig im Schritt mitlaufen, damit es sich an die neue Umgebung gewöhnen kann. Die ersten Trainingseinheiten auf dem Reitplatz verlaufen dann nach dem gleichen Muster wie die im Round Pen: Alles wird ganz in Ruhe und Schritt für Schritt erarbeitet.

Verlangen Sie von Ihrem Pferd in den ersten fünf Trainingseinheiten noch keine eigenständigen Wendungen. Wenn Sie die Richtung wechseln wollen, lassen Sie das Pferd anhalten und ein paar Sekunden stillstehen. Gerade auf großen Plätzen ist das Stillstehen eine der wichtigsten Übungen überhaupt. Gehen Sie dann zu Ihrem Pferd hin, richten Sie die Doppellonge und wenden Sie sich mit Ihrem Pferd auf die andere Seite. Jetzt geht es im Schritt weiter. Haben Sie auf diese Weise einige Trainingseinheiten absolviert, überprüfen Sie für sich eine kleine Checkliste mit Fragen:

- Geht mein Pferd zu Beginn der Arbeit ruhig so lange Schritt, wie ich es möchte?

- Wird mein Pferd weder im Trab noch im Galopp hektisch?

- Kann ich alle Gangarten problemlos kontrollieren?

- Bleibt das Pferd ruhig und gelassen 10 Sekunden stehen, ohne nervös zu werden?

- Fühle ich mich mit der Longenführung mittlerweile zu 100 Prozent sicher?

Wenn Sie diese Punkte ohne zu zögern mit Ja beantworten können und Sie und Ihr Pferd körperlich und mental absolut fit sind, können Sie zu den nächsten Übungen übergehen.

Zirkel vergrößern und verkleinern

Durch diese Übungen können Sie das Pferd auf die später folgenden Wendungen vorbereiten. Bitte achten Sie sehr darauf, den Zirkel langsam und in kleinen Schritten zu verkleinern: Das Pferd auf einmal 3 Meter hereinziehen zu wollen, schadet dem Pferd und ist gefährlich für den Menschen, wenn sich das Pferd aufgrund der ruppigen Behandlung zur Wehr setzt oder die Flucht ergreift.

Um den Zirkel maßvoll zu vergrößern und zu verkleinern, empfehle ich Ihnen, die Longe einhändig zu führen und ohne Longierpeitsche zu arbeiten. So haben Sie die zweite Hand frei und können mit dieser die Longe langsam und sanft hereinholen, während die „Führungshand" weiterhin für die korrekte Stellung sorgt.

Das Hinauslassen erfolgt genau umgekehrt: Sie geben mit der freien Hand Stück für Stück die Longe frei, sodass sie langsam durch die Führungshand hinausgleitet. Bei beiden Lektionen ist es wichtig, einen sanften Kontakt zum Pferd zu halten, damit das führende „Einrahmen" der Doppellonge in jedem Fall erhalten bleibt.

Kehrtvolte aus dem Zirkel heraus

Die beste Position für diese Wendung ist die offene Seite des Zirkels, etwa beim X-Punkt in der Bahn. Ich empfehle Ihnen für die Kehrtvolte, die

Longe beidhändig zu führen. Als Vorübung sollten Sie zunächst an der offenen Seite des Zirkels das Geraderichten an der Doppellonge üben. Laufen Sie dabei parallel zu Ihrem Pferd seitwärts mit, sobald es sich geradegerichtet hat.

Glückt diese Übung, können Sie am X-Punkt das Pferd auf die andere Hand umstellen und die Wendung einleiten. Die Signale sind dem Reiten einer Kehrtvolte nicht so unähnlich:

- Richten Sie Ihr Pferd beim Erreichen der offenen Zirkelseite gerade.

- Geben Sie ein Stimmkommando, um die Wendung beim X-Punkt einzuleiten.

- Erreicht Ihr Pferd den X-Punkt, nehmen Sie die äußere Longe ruhig und flüssig auf, während Sie gleichzeitig die innere Longe im passenden Maß verlängern, damit Ihr Pferd in einer großzügigen Kehrtvolte die Richtung wechseln kann.

- Sobald das Pferd die neue Zirkelbahn erreicht, nehmen Sie die Doppellonge in gewohnter Weise auf und loben Ihr Pferd ausgiebig.

Wenn diese einfache Wendung flüssig auf beiden Seiten, im Schritt und ruhigen Trab, am X-Punkt klappt, können Sie auch an anderen Stellen des Zirkels üben. Dafür nehmen Sie aber bitte Ihr Pferd auf eine etwas kleinere Zirkelbahn, sodass es nach außen hin stets mindestens 4 Meter Platz zum Wenden hat.

Zirkelmittelpunkt verlagern

Eine schöne Übung zur Verbesserung des Schwungs ist das Verlagern des Zirkelmittelpunkts. Dafür bevorzuge ich die einhändige Longenführung, da ich dann die zweite Hand für ein maßvolles Untertreiben mit der Longierpeitsche frei habe. Das Verlagern des Zirkelmittelpunkts ist der Übung „Geraderichten an der offenen Zirkelseite" ähnlich, mit dem Unterschied, dass das Geraderichten nun auf dem Hufschlag erfolgt.

- Longieren Sie das Pferd einhändig im Schritt auf dem Zirkel.

- Erreicht das Pferd den Zirkelpunkt an der Bande zur „offenen" Seite, richten Sie es gerade.

- Geben Sie ihm ein deutliches Stimmkommando, zum Beispiel „Geh".

- Laufen Sie dann drei bis vier Schritte parallel zum Pferd mit. Achten Sie sehr darauf, dass sowohl Sie als auch Ihr Pferd wirklich gerade laufen.

- Nach drei bis vier Schritten bleiben Sie stehen und lenken das Pferd sanft auf die neue Zirkelbahn. Falls Ihr Pferd jetzt etwas verwirrt scheint, loben Sie es ausgiebig mit der Stimme, wenn es auf die neue Zirkelbahn einschwenkt.

Glückt diese Übung im Schritt auf beiden Seiten, können Sie es auch im ruhigen Trab versuchen. Im Lauf des Trainings können Sie die Phasen des „Geradeaus" immer weiter verlängern, bis Sie am Ende vielleicht sogar von einem Bahnzirkel direkt in den anderen wechseln können. Diese Übung ist später auch bei der Arbeit mit Bodenstangen und Cavaletti sehr hilfreich und bereitet das Pferd auch schon auf die Arbeit am Langzügel vor.

Aus dem Zirkel wechseln

Die Lektion „Aus dem Zirkel wechseln" ist, salopp gesagt, nichts weiter als eine große Acht, die sich über die komplette Reitbahn erstreckt. So einfach, wie es klingt, ist es aber nicht. Trainingstechnisch ist der Wechsel aus dem Zirkel eine Kombination aus der Kehrtvolte mit Verlagern des Zirkelmittelpunkts. Da diese Übung auch für den Longenführer ein recht komplexer Bewegungsablauf ist, empfehle ich hier die zweihändige Longenführung.

- Longieren Sie das Pferd beidhändig im Schritt auf dem Zirkel.

- Richten Sie das Pferd wie bei Erreichen der offenen Zirkelseite gerade.

- Jetzt geben Sie ein Stimmkommando, um die Wendung bei Erreichen des X-Punktes einzuleiten.

- Bei Erreichen des X-Punktes nehmen Sie die äußere Longe ruhig und flüssig auf, während sie gleichzeitig die innere Longe im passenden Maß verlängern.

- Das Pferd wendet nun in weitem Bogen in die andere Richtung ab.

- Um dem Pferd die Möglichkeit zu geben, in einer großen Acht auf die andere Zirkelbahn des Platzes zu wechseln, verlagern Sie zügig, aber nicht eilig, den Zirkel zum anderen Zirkelmittelpunkt des Reitplatzes.

- Sobald Ihr Pferd die neue Zirkelbahn erreicht, nehmen Sie die Doppellonge in gewohnter Weise auf und loben ausgiebig.

Durch den Zirkel wechseln

Eine weitere Variante des Richtungswechsels ist „Durch den Zirkel wechseln". Hierbei bewegt sich das Pferd in einem S durch den Zirkel und wechselt somit die Hand. Für den Longenführer bedeutet dies allerdings genauso viel Bewegung und Koordinationsanspruch wie für das Pferd.

- Longieren Sie das Pferd beidhändig im Schritt auf dem Zirkel.

- An einem beliebigen Punkt beginnen Sie, sich selbst langsam in einem Kreisbogen seitlich Richtung Zirkelbahn zu bewegen. Da sich dabei der Radius der Doppellonge nicht verändert, bewegt sich das Pferd im gleichen Kreisbogen spiegelverkehrt zu Ihnen auf den Zirkelmittelpunkt zu.

- Kurz bevor das Pferd den Zirkelmittelpunkt erreicht, richten Sie es gerade.

- Geben Sie dann das Stimmkommando wie zur Kehrtvolte.

- Verkürzen Sie wie bei der Kehrtvolte die äußere Longe und geben Sie die innere im gleichen Maß nach.

Am Anfang üben Sie einfache Stangenkombinationen in allen Gangarten.

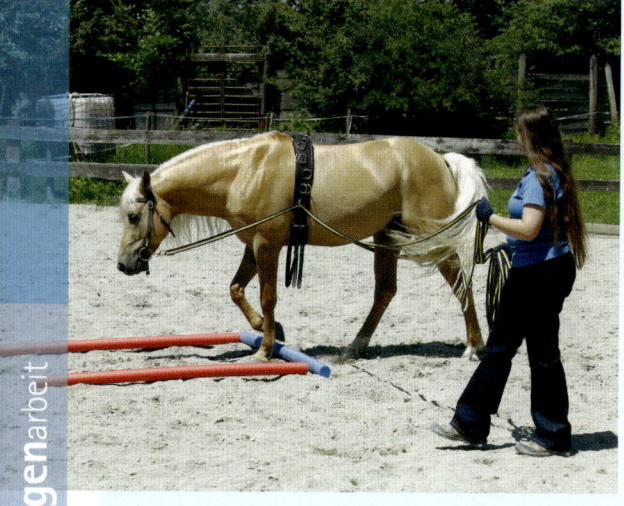

Dann können Sie das Stangen-U am hingegebenen Zügel probieren.

Das Keyhole ist die Steigerung zum U.

- Das Pferd wendet.

- Bewegen Sie sich wieder zum Zirkelmittelpunkt – so als würden Sie den Zirkel verlagern wollen.

- Erreicht das Pferd wieder die Zirkellinie, nehmen Sie die Doppellonge wie gewohnt auf und loben Sie das Pferd ausgiebig.

Koordinationsübungen

Sobald an der Doppellonge die Grundgangarten und der Richtungswechsel etabliert sind und Pferd und Mensch sich mit dem neuen Training wohlfühlen, können Sie beginnen, die Doppellongenarbeit etwas anspruchsvoller und abwechslungsreicher zu gestalten.

Gewöhnen des Pferdes an Bodenstangen

Bevor Sie Ihr Pferd erstmals über einen kompletten Stangensalat longieren, sollten Sie es erst einmal in Ruhe an der Hand an diese Form der Bodenarbeit heranführen. Dazu sind einige Bodenarbeitseinheiten an der Hand mit Strick und Halfter notwendig. Lassen Sie zu Beginn Ihr Pferd aus beiden Richtungen über nur eine Stange laufen. Wenn es dabei nicht anstößt, loben Sie es ausgiebig und beenden Sie für heute diese Übung. Sollte es doch anstoßen, machen Sie einfach in Ruhe weiter, bis es klappt – aber beißen Sie sich auf keinen Fall länger als 15 Minuten an dieser Übung fest.

Wenn es mit einer Stange klappt, versuchen Sie es mit zweien. Wichtig ist, dass der

Abstand der Stange der individuellen Schritt-
länge des Pferdes angepasst wird. Gelingt
das, legen Sie eine dritte und später eine vierte
Stange hinzu. Mehr sollten es dann aber auch
nicht sein. Doch üben Sie nicht nur das Laufen über Stangen an der Hand, sondern auch
das Laufen durch Stangenkorridore. Später an
der Doppellonge können diese Korridore
beim Geraderichten des Pferdes hilfreich sein.

Das Stangen-L ermöglicht zahlreiche Variationen.

Was an der Hand gut klappt, sollten Sie als
Nächstes an einer einfachen Longe ohne Hilfszügel versuchen. Achten Sie bei Schritt- oder
Trabstangenfolgen darauf, dass Sie entweder
den Zirkelpunkt verlagern, damit das Pferd gerade über die Stangenfolge gehen kann, oder
legen Sie die Stangen leicht fächerartig auf die
Zirkellinie. Beim Longieren durch Stangenkorridore ist ein leichtes Verlagern des Zirkelmittelpunkts, also ein Mitgehen des Longenführers,
unerlässlich.

Als Bodenstangen können Sie handelsübliche
Hindernisstangen nehmen, aber auch Kanthölzer aus dem Baumarkt eignen sich gut, insofern
sie geschliffen und entsprechend witterungsfest
behandelt sind. Eine recht günstige Alternative sind Schwimmnudeln aus dem Spielwaren-
oder Sportladen. Diese sind im Vergleich zu Holz
sehr günstig, aber nicht sonderlich robust. Und in
Gegenden mit viel Wind sind sie leider kaum zu
gebrauchen, da manchmal schon ein Windstoß
reicht, sie wegrollen zu lassen.

Das Stangen-H ist recht anspruchsvoll, fördert
aber die Koordinationsfähigkeit des Pferdes.

Übungen mit Bodenstangen

Hat sich Ihr Pferd an der normalen Longe in allen Gangarten an Bodenstangen gewöhnt, können Sie wieder zur Doppellonge greifen. Der Vorteil der Stangenarbeit mit der Doppellonge ist,
dass Sie das Pferd in korrekter Haltung und auf
dem passenden Weg an die Stangen führen kön-

Im Pylonenslalom kann man gut an der Biegsamkeit und
der Feinabstimmung der Signale arbeiten.

nen. Zunächst beginnen Sie mit einfachen Stangenvariationen, beispielsweise zwei Stangen, die in allen Gangarten überwunden werden. Dies schult die Aufmerksamkeit des Pferdes und es lernt, seine Schritte bei Bedarf selbstständig zu verlängern oder zu verkürzen.

Ein Wechsel aus Stangen und Korridoren schult die Orientierungsfähigkeit des Pferdes und macht das Training abwechslungsreich. Der Fantasie sind bei der Arbeit mit Bodenstangen kaum Grenzen gesetzt. Wer sein Pferd möglichst vielseitig in der Doppellongenstunde arbeiten will, der kann auch auf beiden Zirkeln des Platzes unterschiedliche Stangenkombinationen aufbauen und durch Wechseln aus dem Zirkel oder Verlagern des Zirkelmittelpunkts die einzelnen Übungen gezielt ansteuern und in immer neuer Weise kombinieren.

Bitte übertreiben Sie es nicht und legen Ihrem Pferd gleich bei seiner ersten „Stangenstunde" 40 Bodenstangen hin! Das überfordert selbst das gelehrigste und willigste Pferd. Beginnen Sie mit zwei Stangen und legen Sie bei jeder neuen Trainingseinheit vielleicht eine oder zwei dazu. Aus Erfahrung kann ich sagen, dass 10 bis 15 Bodenstangen ausreichend sind, um einen vielseitigen und anspruchsvollen Doppellongenparcours aufzubauen.

Übungen mit Cavaletti

Wer den Schwierigkeitsgrad noch etwas steigern möchte, der kann einfach die Stangen erhöhen. Sprich, neben den normalen Bodenstangen kommen nun auch ein paar Cavaletti zum Einsatz. Diese höher liegen-

den Stangen fordern vom Pferd noch mehr Aufmerksamkeit und es lernt noch effektiver, Abstände einzuschätzen. Durch gezielte Cavalettiarbeit können Sie die Gangmechanik etwas verbessern und den Schwung und Ausdruck Ihres Pferdes erhöhen. Da dieses Thema den Rahmen des Buches sprengt, finden Sie hier ein paar wenige Tipps, wie Sie normale Bodenstangen mit Cavaletti ergänzen können:

- Legen Sie ein Cavaletto zwischen zwei Bodenstangen. So können Sie diese Kombination von beiden Seiten angehen. Die Abstände müssen Sie der entsprechenden Gangart anpassen.

- Legen Sie ein Cavaletto an das Ende eines Korridors: So lernt das Pferd, in gerader Linie ein kleines Hindernis anzugehen und nicht schräg darüberzuhasten.

- Bodenstangen können Sie auch im Wechsel mit halbhoch eingestellten Cavaletti legen. Durch den Wechsel von hoch und tief wird die Aufmerksamkeit des Pferdes geschult.
Aber mehr als zwei Cavaletti und zwei Stangen sollten Sie nicht nutzen, sonst wird es körperlich und mental schnell zu viel.

Sie können auch immer mal wieder ein Cavaletto für einen kleinen Sprung zwischendurch verwenden. Legen Sie aber vor das Cavaletto in geringem Abstand eine normale Bodenstange, sodass das Pferd einen zusätzlichen optischen Reiz hat und ihm dadurch das Taxieren etwas leichter fällt.

Übungen mit Pylonen

Pylonenslalom an der Doppellonge ist eine große Herausforderung für Pferd und Mensch. Speziell bei diesen Übungen ist der Übergang zum Fahren am Boden oft fließend. Als Übungspylonen eignen sich normale kleine Fahrpylonen, die Sie für gerade 5 Euro das Stück günstig erwerben können. Noch preiswerter sind bunte Eimer, die als optischer Anhaltspunkt auch genügen.

Beginnen Sie zunächst mit einer Pylone und im Schritt. Stellen Sie die Pylone auf die Zirkellinie und lassen Ihr Pferd abwechselnd außen und innen daran vorbeigehen. Glückt dies, kommt in etwa zwei Pferdelängen Abstand die zweite Pylone auf die Zirkellinie. Das Pferd geht an der ersten Pylone innen vorbei, an der zweiten aber außen. Und dann folgen die dritte, vierte und fünfte Pylone – mehr als sechs sollten Sie aber nicht verwenden.

Klappt es mit den Schlangenlinien im Schritt, können Sie es auch in einem ruhigen Trab versuchen. Im Galopp ist diese Übung wegen der zu enormen Belastung von Sehnen und Gelenken ein Tabu. Steigern können Sie diese Übung, wenn Sie am Ende der Pylonenreihe das Pferd eine Kehrtwendung ausführen und den ganzen Pylonenslalom noch einmal in die andere Richtung absolvieren lassen.

Übungen für Fortgeschrittene

Ihr Pferd und Sie fühlen sich mittlerweile ganz wohl mit der Doppellonge. Jetzt können Sie mit der gymnastizierenden Arbeit beginnen. Beim Trainieren der beschriebenen Dehnungshaltung und Versammlung ist es sehr wichtig, dass Sie Ihr Pferd nie überfordern. Seine Muskeln, Sehnen und Bänder müssen sich an die neue Belastung und Körperhaltung langsam gewöhnen können. Wer hier zu schnell zu viel verlangt, der läuft Gefahr, der Gesundheit seines Pferdes zu schaden.

Achten Sie auch darauf, dass die Ernährung des Pferdes dem neuen Training angepasst wird.

Erarbeiten der Dehnungshaltung (Vorwärts–abwärts)

Als Erstes sollte Ihr Pferd nun an der Doppellonge eine gesunde, seinem Körperbau angepasste Dehnungshaltung kennenlernen. Diese Übung ist auch bekannt als „Vorwärts-abwärts" – wobei Sie sehr darauf achten sollten, dass aus der gesunden Dehnungshaltung kein Laufen auf der Vorhand wird. Bei einer korrekten Dehnungshaltung biegt sich zwar der Hals des Pferdes in einem schönen Bogen nach unten, aber die Hinterhand tritt gleichzeitig aktiv unter den Schwerpunkt. Beim Laufen auf der Vorhand fehlt dieser Untertritt.

Der Untertritt der Hinterhand ist aber bei dieser gymnastizierenden Übung von enormer Bedeutung. Denn das Absenken des Halses in Verbindung mit einem aktiven Untertreten erzeugt das gewünschte Aufwölben des Rückenmuskels: In der Dehnungshaltung spannt das Pferd den Bauchmuskel an und dadurch wird sein Gegenspieler, der Rückenmuskel, gedehnt. Bevor man bei einem Pferd an eine korrekte Versammlung denken sollte, ist es unumgänglich, zuerst eine gesunde Dehnungshaltung zu erarbeiten. Denn in dieser Haltung kann das Pferd erstmals lernen, seinen Bauch- und Rückenmuskel so einzusetzen, dass es später unser Gewicht tragen kann.

Ihrem Pferd diese Haltung beizubringen, ist gar nicht so schwierig, bedarf aber etwas Übung für Pferd und Mensch: Nehmen Sie die Doppellonge in die einhändige Führung auf und die Longierpeitsche in die freie Hand. Beginnen Sie zunächst

Das klassisch ausgebildete Warmblut zeigt eine seiner Anatomie entsprechende schöne Dehnungshaltung.

im Schritt. Nun nehmen Sie die Doppellonge etwas an, sodass Sie auf beiden Leinen etwa die gleiche Verbindung zum Pferd haben. Diese Bewegung muss langsam und fließend erfolgen – unter keinen Umständen darf an der Longe geruckt oder gezogen werden. Bieten Sie Ihrem Pferd sozusagen kurz ein Stützrad an. Wenn Sie spüren, dass Ihr Pferd Ihre Hilfe annimmt, geben Sie in einer fließenden Bewegung etwas nach – das Pferd wird Ihrer nachgebenden Hand nach unten folgen und den Hals „fallen lassen". Wenn es nicht gleich beim ersten Mal klappt, nicht verzweifeln, Übung macht den Meister.

Sobald das Pferd den Kopf eigenständig zu weit nach oben nimmt und die Dehnungshaltung verlässt, bieten Sie ihm wieder die Stütze durch Annehmen der Longe an und gelei-

ten es mit einer fließend nachgebenden Hand nach unten. Wenn Ihr Pferd diese Übung in beide Richtungen verstanden hat, können Sie beginnen, vorsichtig mit der Longierpeitsche und Ihrer Stimme für ein vermehrtes Untertreten der Hinterhand zu sorgen. Wundern Sie sich aber nicht, wenn Ihr Pferd nun den Kopf wieder hochnimmt. Denn sobald Sie den vermehrten Untertritt mit der Hinterhand abfragen, spürt Ihr Pferd bei korrekt gesenktem Kopf ein kleines Zwicken in den Muskeln des Rückens und der Hinterhand. Wer selbst sportlich aktiv ist, der kennt das.

Verlangen Sie von Ihrem Pferd aber auch nicht zu viel. Achten Sie auf die korrekte Haltung des Halses und fragen Sie nur mal ein ganz klein wenig mehr Untertritt ab – immer nur so viel, wie Ihr Pferd machen kann, ohne den Kopf wieder hochzunehmen. Denn durch das Hochnehmen des Kopfes weicht die Spannung im Rückenmuskel und der schöne Dehnungseffekt ist dahin. Fordern Sie diese Übung auch nicht zu lange von Ihrem Pferd. Beginnen Sie mit drei bis vier Schritten in der gewünschten Haltung. Dann lassen Sie das Pferd sich für eine halbe Runde ruhig entspannen, bevor Sie die Übung wiederholen.

Wenn die Übung im Schritt so gut funktioniert, dass Ihr Pferd es mit maximal drei Erinnerungen schafft, eine Zirkelrunde sauber in der Dehnungshaltung zu gehen, können Sie mit dem Trab beginnen. Fragen Sie aber auch im Trab zunächst nur drei bis vier Schritte in der gewünschten Haltung an. Ebenso verfahren Sie im Galopp, wenn es im Trab auch eine ganze Runde klappt.

Und hier noch ein Tipp, woran Sie erkennen, dass die Dehnungshaltung für Ihr Pferd richtig ist: Besonders im Trab sollten Sie sehen, wie ein Muskelband, das etwa eine Handbreit unter der Wirbelsäule des Pferdes entlangläuft, rhythmisch „zittert" oder „zupfelt". Dies zeigt, dass der Rückenstrecker sich dehnt und arbeitet. Achten Sie aber auch auf den oberen Halsmuskel des Pferdes, die sogenannte Oberlinie. Wenn Ihr Pferd korrekt im Vorwärts-abwärts geht, können Sie auch hier in den schnelleren Gangarten sehen, wie der Muskel gedehnt wird: Der obere Halsmuskel tritt dann etwas deutlicher hervor und das „Zittern" weitet sich vom Rücken bis hinter die Ohren Ihres Pferdes aus. Der Unterhals des Pferdes ist bei der korrekten Dehnungshaltung völlig locker.

Der westernausgebildete Quarterhengst ebenso.

Der tiefe Spannungsbogen beim Westernpferd.

Im Schritt zeigt sich die Arbeit des Rücken-streckers an einer Linie, die mit jedem Schritt erscheint und dann wieder verschwindet. Im Trab scheint diese Linie zu zittern oder zu kontrahieren. Im Galopp hat man eher den Eindruck, als würde eine Welle durch das Pferd laufen – vom Schweifansatz bis zu den Ohren. So fühlt es sich auch an, wenn Sie auf einem Pferd galoppieren, das gelernt hat, seinen Rücken aufzuwölben und seine Muskeln korrekt zu benutzen – wie nach vorn getragen von einer Welle, die von hinten heranrollt. Dieser Galopp ist bequem für Pferd und Mensch und auch die einzig gesunde Variante!

Erarbeiten der Versammlung

Eine natürliche Versammlung lässt sich erst erarbeiten, wenn das Pferd in allen Gangar-

ten sicher und gelassen in der Dehnungs-haltung vorwärtsgeht – mindestens fünf Zirkelrunden lang und ohne große Unterstützung durch den Longenführer. Ist dieser Punkt erreicht, bieten Sie Ihrem Pferd die „Stütze", die Sie zum Einleiten der Dehnungshaltung angeboten haben, wieder an. Wenn Sie spüren, dass sich Ihr Pferd wirklich an Ihre Hilfe anlehnt, treiben Sie vorsichtig mit der Longierpeitsche ein wenig nach und halten die Verbindung ohne nachzugeben für zwei Schritte.

Bitte versuchen Sie in keinem Fall, die Versammlung durch Ziehen an den Leinen zu erwirken! Bieten Sie Ihrem Pferd nur eine ganz leichte Stütze an, an die es sich anlehnen kann, während Sie mit der Longierpeitsche etwas nachtreiben, um es in einen höheren Spannungsbogen zu bringen. Zwei Schritte reichen für den Anfang. Dann entlassen Sie das Pferd wieder für eine Runde in die Dehnungshaltung, bevor Sie die Versammlungsübung wiederholen und dieses Mal vielleicht sogar schon drei bis vier Schritte verlangen. Wenn sich Ihr Pferd im Schritt eine halbe Runde am Stück versammeln kann, können Sie mit dem Trab beginnen und anschließend mit dem Galopp.

Sie müssen aber sehr darauf achten, dass das Zittern an Hals und Rücken des Pferdes auch in dieser höheren Haltung erhalten bleibt. Wenn das Pferd lediglich den Hals schön biegt, aber den Rücken komplett fest macht – dann ist das keine Versammlung und unangenehm oder sogar schmerzhaft für Ihr Pferd. Auch für Sie wird es unbequem, wenn Sie auf einem so „zusammengestellten" Pferd sitzen. Diese „Showversamm-

lung" ist ungesund für Pferd und Mensch und sollte nicht das Ziel einer seriösen Pferdeausbildung sein!

Verlangen Sie nicht gleich zu Beginn, dass Ihr Pferd sein Genick zum höchsten Punkt erhebt und die Beine bis zum Kinn wirft. Stellen Sie Ihr Pferd Stück für Stück in eine höhere Haltung ein. Sobald Sie merken, dass Ihr Pferd nicht mehr im Takt läuft, das Zittern in der Oberlinie weg ist, es plötzlich an der Longe zieht oder zu schnell wird, gehen Sie eine Stufe zurück und verlangen etwas weniger.

Ziehen Sie bitte nie an den Longen sowie später beim Reiten auch nicht an den Zügeln! Die Versammlung wird von der Hinterhand aufgebaut. Ihre Verbindung zum Pferd muss so leicht sein, dass Ihnen die Zügel oder die Longe nicht aus der Hand gleiten, wenn Sie diese kurz öffnen.

Die ersten Versuche einer Piaffe in der entsprechenden Versammlung, dem hohen Spannungsbogen.

Das Wichtigste beim Erarbeiten der ersten versammelten Tritte ist, dass Sie Ihrem Pferd Zeit geben. Die Natur hat das Pferd nicht dazu geschaffen, über eine längere Zeit in dieser Haltung zu gehen. Die Muskeln und Sehnen müssen sich erst an die neue Haltung gewöhnen. Wenn Sie zu schnell zu viel fordern, können durch dauerhafte Übersäuerung der Muskeln oder Überdehnen des Sehnen- und Bänderapparats bleibende Schäden entstehen.

Verbesserung der Durchlässigkeit

Ihr Pferd kann jetzt in allen Gangarten den gewünschten tiefen (Dehnungshaltung) oder hohen (Versammlung) Spannungsbogen auch über einen etwas längeren Zeitraum problemlos halten. Nun können Sie beginnen, Biegung und Stellung mit diesem Haltungsbogen zu verbinden und den Anspruchsgrad der Gangartenwechsel zu steigern. Zunächst nehmen Sie die Doppellonge beidhändig auf und bitten Ihr Pferd, sich in der tiefen Dehnungshaltung abwechselnd im Hals etwas nach außen und wieder nach innen zu biegen. Selbstverständlich beginnen wir auch hier erst einmal im Schritt und mit einer ganz leichten Stellung!

Klappt es im Schritt, können Sie in den Trab oder Galopp gehen. Fordern Sie diese Einwärts- oder Auswärtsstellung immer nur wenige Schritte nacheinander ab und führen Sie Ihr Pferd dann sanft wieder auf die gewünschte Zirkelbahn zurück. Auch hier müssen, wie bei jeder Übung an der Doppellonge, Ihre Bewegungen und Signale sanft und weich erfolgen.

Funktioniert das Stellen des Pferdes in der tiefen Dehnungshaltung, können Sie diese Übung auch langsam daran im hohen Span-nungsbogen der Versammlung anfragen. Hierbei müssen Sie darauf achten, dass das Pferd sich im Genick nicht verwirft, sprich einrollt, da es sich in dieser Position nicht biegen kann. Klappt die Übung auch im hohen Spannungsbogen, gehen Sie zur nächsten Stufe über, die die Durchlässigkeit des Pferdes fördern kann – den Tempovariationen.

Fordern Sie nun nicht einfach nur Trab von Ihrem Pferd, sondern fragen Sie Tempovariationen und vor allem Trittlängenvariationen in den einzelnen Gangarten ab. Beginnen Sie dabei immer in der tiefen Dehnungshaltung und steigern das Tempo nur so weit, dass Ihr Pferd den Spannungsbogen auch halten kann und Ihnen nicht an der Longe wegrennt! Da Pferde Fluchttiere sind, müssen wir jegliche Temposteigerung immer sehr vorsichtig und langsam aufbauend abfragen, um kein mentales Unbehagen oder gar Angst beim Pferd auszulösen.

Daher versuche ich Temposteigerungen und Erweiterungen der Tritte immer erst durch ein festgelegtes Stimmsignal zu etablieren und setze die Longierpeitsche nur unterstützend ein. Im Trab beispielsweise hat es sich als sehr effektiv erwiesen, immer genau kurz bevor das innere Hinterbein des Pferdes den Boden erreicht, einen Schnalzlaut zu geben. Ist das Timing gut und Sie schnalzen wirklich genau in dem Moment, in dem der Hinterhuf noch etwa eine Handbreit vom Boden entfernt ist, setzt das Pferd im Trab weiter unter und erweitert damit seine Tritte.

Zu Beginn wird die Erweiterung der Trittlänge immer auch mit einer leichten Temposteigerung einhergehen. Endziel sollte es aber sein, dass Ihr Pferd den Takt seiner Gangart ohne Veränderung beibehält und nur weiter ausgreift und untertritt. Nie darf bei der Longenarbeit daher das „Losrasen" des Pferdes geduldet oder gar hervorgerufen werden.

Wenn die Variation von Tempo und Trittlänge in allen Gangarten und in beiden Spannungsbögen funktioniert, können Sie, als letzte Stufe zur Verbesserung der Durchlässigkeit, auch noch schwierigere Gangartenwechsel verlangen: beispielsweise aus dem Stand antraben oder aus dem Schritt angaloppieren. Diese beiden Übungen eignen sich – ruhig und vorsichtig und in der richtigen Haltung ausgeführt – sehr gut dazu, dem Pferd die vermehrte Lastenaufnahme der Hinterhand näherzubringen.

Achten Sie darauf, dass das Pferd korrekt zunächst im tiefen Spannungsbogen eingestellt ist, da sonst die gymnastizierende Wirkung dieser Übungen verloren geht. Erst wenn es im tiefen Spannungsbogen gelingt, können Sie auch bei diesen Übungen wieder zum hohen Spannungsbogen wechseln.

Zuletzt können Sie die Arbeit des Pferdes in beiden Spannungsbögen mit den in den vorherigen Kapiteln beschriebenen Übungen, wie Richtungswechsel, Volten, Kehrtvolten, kombinieren. Sie werden nach einigen Wochen bemerken, wie Ihr Pferd „weicher" wird und Ihren Signalen auch immer schneller und fließender folgen kann. Ist dieses Ziel erreicht, können wir mit dem Einstieg in die Seitengänge beginnen.

Kruppeherein

Eine weitere gymnastizierende Übung an der Doppellonge ist das Hereinholen der Hinterhand, mit einigen anschließenden Kreuzschritten der Hinterhand. Diese Übung ist sowohl für das Entwickeln der Seitengänge wichtig als auch später unter dem Sattel für den fliegenden Wechsel, da dieser bei korrekter Ausführung von hinten nach vorn durchgesprungen und durch ein Verschieben der Kruppe ausgelöst wird.

Beginnen Sie an der Doppellonge auch diese neue Lektion im Schritt und führen Sie die Doppellonge beidhändig. Suchen Sie den Kontakt zu Ihrem Pferd und bringen Sie es in eine leichte Versammlung. Dann wirken Sie mit der äußeren Longe vermehrt auf das Pferd ein, so als würden Sie eine Wendung fordern. Doch anstatt die Wendung auszuführen, holen Sie lediglich für zwei bis drei Schritte die Hinterhand Ihres Pferdes etwas herein.

Zu Beginn reicht hier die Andeutung der Bewegung, Hauptsache Ihr Pferd lernt das neue Signal kennen und kommt mit der Hinterhand etwas herein. Während dieser Übung, die wir in der Form auch unter dem Sattel kennen, ersetzt die äußere Longe sozusagen das Reiterbein. Sie wirkt verwahrend und signalisiert dem Pferd durch minimalen Druck, diesem zu weichen. Die innere Longe hält stets leichten Kontakt mit dem Pferd, greift sonst aber nicht ein.

Sobald Ihr Pferd die zwei gewünschten Schritte ausgeführt hat – vielleicht überkreuzen sich die Hinterbeine sogar schon leicht –, führen Sie es langsam wieder auf die Zirkelbahn und entlassen es für etwa eine halbe Runde in die Dehnungshaltung. Dann können Sie die Übung wiederholen. Nun sollte Ihr Pferd die Hinterbeine aber leicht überkreuzen.

Durch diese Übung wird die Hüfte Ihres Pferdes auf sanfte Weise mobilisiert. Die meisten Pferde – und auch Menschen – haben in diesem Bereich Verspannungen, die einen flüssigen Bewegungsablauf oft behindern. Durch das leichte Überkreuzen der Hinterbeine lernt Ihr Pferd außerdem, in allen Gangarten besser unter den Schwerpunkt zu treten und die ungewohnte Bewegung fließend auszuführen.

Hier ein gegen die Bewegungsrichtung gebogenes Seitwärtstreten auf der Zirkelbahn.

Mit fortschreitendem Training können Sie diese Übung auch im Trab abfragen, richtig durchlässige Pferde schaffen es sogar im Galopp. Sie können auch die Anzahl der Kreuzschritte erhöhen, bis Sie etwa auf einer viertel Zirkelrunde angekommen sind.

Entwickeln von Seitengängen

Aus dem Hereinholen der Kruppe entwickeln sich fließend die ersten „richtigen" Seitwärtsschritte an der Doppellonge. Wenn Ihr Pferd das Hereinschieben der Kruppe in allen Gangarten locker und flüssig für mindestens eine viertel Zirkelrunde beherrscht, können Sie den Übergang zum Seitwärts wagen.

Auch diese Übung beginnen Sie wieder im Schritt und in der beidhändigen Longenfüh-

rung. Bitten Sie Ihr Pferd, auf ihm bereits bekannte Weise, die Hinterhand nach innen zu schieben – mit dem großen Unterschied, dass Sie nun auch die innere Longe einsetzen: Nehmen Sie die Hand, die die innere Longe führt, etwas seitwärts von sich weg und „führen" Sie Ihr Pferd mit gleichmäßiger Verbindung an beiden Longen in die gewünschte Seitwärtsrichtung. Sie selbst bewegen sich nun auch, und zwar parallel zum Pferd.

Anfangs ist es für Pferd und Mensch am einfachsten, diese Übung an der Bande entlang auszuführen, sodass das Pferd von der Bande ein wenig Führung hat. Sobald das Pferd die eine Seite der Reitbahn beendet hat und sich kurz vor der Ecke zur nächsten Seite befindet, fragen Sie schon das Hereinschieben der Hinterhand an. Direkt in der Ecke beginnen Sie mit dem Annehmen und führen durch die innere Longe das Pferd seitwärts an der langen Seite entlang.

Achten Sie darauf, dass der Winkel sich im Lauf des Trainings etwa 45 Grad annähert. Seien Sie allerdings zu Beginn, bis das Pferd verstanden hat, was wir wollen, auch mit weniger zufrieden. Später können Sie das Pferd, wenn es entsprechend geübt ist, auch im westerntypischen Side Pass, also im Winkel von 90 Grad, einige Tritte ausführen lassen. Zur Schonung der Gelenke üben Sie das bitte nur im Schritt. In den Gangarten Trab – und für ganz Geübte später auch im Galopp – sollte der Winkel, wie bei den klassischen Seitengängen, etwa 45 Grad betragen.

Fragen Sie auch hier erst nur zwei bis drei Kreuzschritte ab. Führt Ihr Pferd diese aus, entlassen Sie es mit einem Lob wieder auf die Zirkelbahn und lassen Sie es etwa eine halbe Runde in der Dehnungshaltung gehen, ehe Sie es in der nächsten Ecke wieder in das Seitwärts einstellen. Was mit zwei bis drei Kreuzschritten beginnt, kann im Lauf des Trainings ausgeweitet werden – bis zu einer halben Zirkelbahn. Achten Sie aber bitte stets darauf, dass Ihr Pferd die ganze Zeit in der korrekten Haltung ist und auch den Takt der gewählten Gangart einhält. Wird das Pferd zappelig, verhaspelt sich mit den Beinen oder fällt gar aus, dann waren es ein paar Schritte zu viel oder der Winkel und Ihr Signal haben nicht gestimmt.

Nehmen Sie sich Zeit für diese Übung. Gute Seitengänge sind eine wichtige Gymnastizierung für Ihr Pferd und später die Voraussetzung für weiterführende Lektionen unter dem Sattel. Und zum Schluss noch ein Hinweis: Junge Pferde (zwischen zwei und vier Jahre, bei Spätentwicklerrassen sogar bis sechs Jahre alt) sollten zur Schonung der Gelenke maximal drei bis vier

Tritte in dieser Übung pro Zirkelrunde machen. Das gilt sowohl für die Seitengänge als auch für das Kruppeherein. Bei jungen Pferden würde ich bis zum Schließen der Wachstumsfugen auf das Üben im Trab und Galopp verzichten.

Das gilt ebenso für ältere Pferde, die vielleicht schon das eine oder andere Wehwehchen haben. Bei älteren oder rekonvaleszenten Pferden besprechen Sie bitte diese Übung vorher genau mit dem Tierarzt. Er wird Ihnen sagen können, was Ihrem Pferd guttut und wo seine Grenzen bei diesem Training liegen.

Springen an der Doppellonge?

Ein weiterer, sehr interessanter Trainingsaspekt an der Doppellonge ist, das Pferd schonend an das Springen heranzuführen. Bei Pferden, die es bereits können, kann dennoch das Springen an

Eine korrekte Kehrtvolte im Seitwärts als spontane Überraschung während einer Fotopause.

der Doppellonge über kleine Gymnastikkombinationen helfen, den Springstil und auch die Springfreude des Pferdes zu verbessern.

Wer mit seinem Pferd an der Doppellonge mit dem Springen beginnen will, der sollte sich zuvor ausgiebig mit dem Einsatz von Bodenstangen in allen Variationen bei der Doppellongenarbeit beschäftigen, seien es einfache Trabstangen oder anspruchsvolle Kombinationen mit Galoppstangen. Erst wenn Ihr Pferd die Übungen mit Bodenstangen und auch leicht erhöhten Bodenstangen in allen Gangarten beherrscht, können Sie langsam die Stangen erhöhen.

Die nächste Stufe ist, das Pferd nicht mehr auf der Zirkelbahn zu arbeiten, sondern die ganze Bahn für die Arbeit zu nutzen. Das Pferd lernt dadurch an der Doppellonge auf dem Hufschlag zu gehen, während der Longenführer auf der Mittellinie parallel zum Pferd mitgeht. Man nennt dies auch „Zirkelmittelpunkt verlagern". Sobald der Longenführer stehen bleibt, lenkt er das Pferd wieder auf eine Zirkelbahn. Wenn das Pferd die gegenüberliegende Bande erreicht, wiederholt sich der Ablauf.

Klappt diese Übung in allen Gangarten, können Sie auf den beiden langen Seiten, an denen das Pferd auf dem Hufschlag geht, Trab- oder Galoppstangen platzieren. Achten Sie darauf, dass das Pferd diese Stangen immer gerade angeht. Da es sich bei diesen Übungen um ein Koordinationstraining handelt, ist es sehr wichtig, dass Ihr Pferd weder körperlich noch mental müde ist.

Um es auch während der Übungen fit zu halten, sollten Sie dazu übergehen, es nicht bei jeder Runde über die Stangen zu schicken. Lassen Sie beispielsweise nach zwei Durchgängen Ihr Pferd zwei bis drei ruhige Zirkel ohne Stangen gehen, auf denen es in Vorwärts-abwärts-Haltung entspannen kann.

Gelingt dies, können Sie auch mal eine Stange etwas erhöhen oder durch ein Cavaletto ersetzen und das Pferd im Galopp darüberschicken. Sobald Sie mit erhöhten Stangen arbeiten, müssen Sie sehr darauf achten, mit der Doppellonge nicht an den Stangen hängen zu bleiben. Daher ist das Üben mit Springständern von vornherein ausgeschlossen. Eine gute Alternative, die ich auf einer Pferdemesse entdeckt habe, sind kleine Aufsätze für Stangen, die man an jeder handelsüblichen Pylone befestigen kann.

Anstatt mit schweren Bodenarbeitsstangen zu arbeiten, bin ich dazu übergegangen, Schwimmnudeln zu verwenden. Aber auch eine leichte „normale" Stange wird sicherlich ihren Zweck erfüllen. Verwenden Sie anfangs ruhig Stangen in gut sichtbaren Farben. Pferde sehen beispielsweise die Farben Blau und Gelb sehr deutlich. Eine gut erkennbare Farbe – und am besten bei mehreren Stangen auch noch mit Farbwechsel – hilft dem Pferd, das Hindernis besser zu erkennen. Zudem fällt ihm dann auch das Taxieren leichter.

Achten Sie auch über den Stangen und Cavaletti immer darauf, dass Ihr Pferd einen gesunden Spannungsbogen hält. Sobald Ihr Pferd sich verspannt, den Kopf hochreißt und sich im Rücken zusammenzieht, ist das ein eindeutiges Zeichen dafür, dass die Übung doch noch ein wenig zu schwer war. Gehen Sie dann wieder zur „normalen" Stangenarbeit über, bis Ihr Pferd gelernt hat, in allen Gangarten auch über den Stangen in einer gesunden Haltung und mit aufgewölbtem Rücken zu gehen.

Der Minishettyhengst hat Spaß bei seinem Gymnastiksprung an der Doppellonge.

Vergessen Sie nicht, dass Pferde von ihrer Natur dazu neigen, Hindernisse eher zu umgehen als darüberzuspringen und sich damit einem Verletzungsrisiko auszusetzen. Und wenn unsere Pferde Spaß am Springen haben sollen, dürfen wir auch bei diesem Einstieg-Basistraining das Pferd nicht zu sehr körperlich oder mental unter Druck setzen.

Bei meinem Hengst Blues Starlight stand Freispringen für die Hengstkörung auf dem Programm. Er sah aber einfach nicht ein, warum er über die Stangen springen sollte, und wusste auch nicht wirklich, was ich von ihm wollte. Als westernausgebildetes Pferd kannte er Stangen am Boden nur aus dem Trailparcours, und über diese musste er nie springen, sondern nur laufen. Wir haben das so gelöst, dass mein Mann im Schritt einige

Runden neben Starlight gegangen und mit ihm gemeinsam über die ersten Cavaletti gesprungen ist. Binnen kürzester Zeit fand Starlight richtig Spaß am Springen und bewegte sich sowohl an der Doppellonge als auch im Freisprungkanal sicher und voller Elan über die kleinen Sprünge. Schon nach zehn Übungseinheiten, von denen wir die ersten drei gemeinsam sprangen, war die Körung und Starlight begeisterte die Richter durch seine Bascule und Sprungfreude und erhielt eine 8,0.

Wenn die kleinen Sprünge klappen und Ihr Pferd eindeutig Spaß an der Sache hat, dann sollten Sie sich einen guten Springreitlehrer suchen, der auch mit der Doppellongenarbeit und dem Freispringen vertraut ist. Er wird Sie und Ihr Pferd mit fachlicher Anleitung auf diesem neuen Weg begleiten.

„Reiten vom Boden" – so kann man gute Langzügelarbeit bezeichnen.

Arbeit am
Langzügel

Langzügelarbeit – „Feines Reiten am Boden"

Die Arbeit am Langzügel ist ein wichtiges Element in der Ausbildung des jungen Pferdes. Hier kann es die korrekten Zügelhilfen und Bahnfiguren erlernen, bevor es durch das zusätzliche Gewicht des Reiters belastet wird. Pferde, die für den Einsatz vor der Kutsche oder zum Holzrücken ausgebildet werden, können am Langzügel ebenfalls die Basiselemente lernen, die sie später für ihren endgültigen Einsatz gebrauchen können.

Doch auch ältere, bereits gerittene oder gefahrene Pferde profitieren von der Arbeit am Langzügel. Hierbei wird dieses Training zur Verfeinerung der Kommunikation zwischen Pferd und Mensch und zum Erarbeiten schwieriger Lektionen genutzt. Das Pferd lernt am Langzügel, fein und aufmerksam noch so kleinen Hilfen nachzukommen und auch selbstständig in gesunder Haltung die gewünschten Lektionen auszuführen.

Für Pferde, die aus gesundheitlichen Gründen nicht geritten werden können oder an einem Burn-out leiden, kann der Langzügel der Weg zurück zur gymnastizierenden Arbeit bilden. Das Pferd kann im Rahmen seiner körperlichen Möglichkeiten dressurmäßig gearbeitet werden, wird aber nicht mehr durch das Reitergewicht belastet.

Übergang an den Langzügel

Der Übergang von der Doppellonge an den Langzügel erfolgt recht fließend und stellt für das an der Doppellonge korrekt und stressfrei ausgebildete Pferd auch keine allzu große Umstellung dar. Dennoch gilt es einige Grundregeln zu beachten.

Vorsicht und Sicherheit

Es gibt zwei Möglichkeiten, sich als Longenführer hinter dem Pferd am Langzügel zu bewegen: Entweder gehen Sie so weit hinter dem Pferd, dass die Hufe Sie nicht erreichen können. Das bedeutet vom Schweif aus mindestens das doppelte Stockmaß des Pferdes hinter dem Pferd. Oder Sie gehen direkt hinter dem Pferd und leicht seitlich nach innen versetzt. In dieser Position sind Sie so nah am Pferd, dass es im Falle eines Auskeilens nicht die volle Schwungkraft entwickeln kann und die Gefahr schwerer Verletzungen etwas geringer ist.

Wenn Pferde am Langzügel ausschlagen, ist das oft eine Instinkthandlung – oder schlichtweg ein Missverständnis. Mir ist es bei Shadow auch schon passiert. Meist war es ein Missverständnis – einmal verwechselte er das Signal zur Piaffe mit dem zur Ballotade, hob ohne Vorwarnung ab und erwischte mich versehentlich mit einem Hinterhuf direkt unter den Rippen. Das ging glücklicherweise glimpflich aus. Unfälle können immer passieren – doch man kann durch umsichtiges Handeln und Trainieren die Unfallgefahr deutlich verringern:

- Halten Sie genügend Abstand zu den Hinterbeinen des Pferdes. Stockmaß mal zwei ist ein guter Anhaltspunkt.

- Laufen Sie immer etwa einen Schritt versetzt zur Seite. Wenn Sie direkt hinter dem Pferd gehen, sind Sie völlig in dessen totem Winkel. Eine unbedachte Bewegung oder ein Geräusch könnte ein instinktgesteuertes Ausschlagen provozieren. Wenn Sie zu Beginn des Trainings immer auf einer Seite zumindest im Ansatz für das Pferd zu sehen sind, wird es sich sicherer fühlen.

Gehen Sie zu Beginn des Trainings so weit seitlich, dass Ihr Pferd Sie gut sehen kann.

- Sprechen Sie mit Ihrem Pferd. Dann kann es Sie recht gut orten und wird ruhiger. Verwenden Sie die bekannten Stimmsignale und loben Sie es ausgiebig mit der Stimme, wenn es etwas richtig macht.

- Tragen Sie immer sicheres Schuhwerk, mit dem Sie auch im Sand der Reitbahn gut laufen können, ohne zu stolpern. Halbschuhe, Chucks oder Sneakers sind nicht so geeignet. Mein persönlicher Favorit ist ein guter Wanderschuh.

- Arbeiten Sie zu Beginn der Langzügelausbildung mit Ihrem Pferd nur in der Reitbahn, wenn sich dort keine anderen Pferde befinden. Zum einen kann es schnell passieren, dass Sie mit Ihrem noch unsicheren Pferd den anderen im Weg sind, zum anderen kann das Pferd durch die anderen Pferde leichter abgelenkt werden.

- Ziehen Sie einen Helfer hinzu, der bei den ersten Versuchen am Langzügel mit in der Bahn ist und Ihnen notfalls zur Hand geht. Dieser Helfer kann auch Ihre Position und Haltung korrigieren oder bei neuen Lektionen zur Unterstützung neben dem Pferd laufen.

Handhabung des Langzügels – Trockenübungen

Bevor Sie mit dem Langzügel arbeiten, sollten Sie sich mit der Handhabung vertraut machen. Sie müssen sich nicht gleich einen Langzügel kaufen – zu Beginn reicht auch die vorhandene Doppellonge aus, die Sie in der einhändigen Zügelführung aufnehmen. Dann greifen Sie zusätzlich mit der zweiten Hand in die Doppel-

longe und führen sie nun zweihändig. Suchen Sie sich einen freundlichen Helfer, der für Sie das Versuchspferd spielt und sich von Ihnen am Langzügel lenken lässt. Ihr Helfer kann Ihnen vor allem direkt Feedback geben, wie Ihre Signale ankommen.

Übergangslektionen

Damit der Einstieg in die Langzügelarbeit für Ihr Pferd so einfach wie möglich verläuft, beginnen wir zuerst mit einigen Zwischenübungen an der Doppellonge. Dadurch soll sich Ihr Pferd daran gewöhnen, dass Sie immer mehr hinter ihm laufen, und natürlich auch, dass es vorangehen soll.

Bei der ersten Übung longieren Sie Ihr Pferd ganz normal auf der Zirkelbahn im Schritt. Dann verkürzen Sie die Leinen etwas und gehen von der Zirkelmitte weg auf eine kleine Zirkelbahn. Ihr Pferd kennt das so ähnlich schon vom Verlagern des Zirkelmittelpunkts. Statt parallel zum Pferd gehen Sie nun etwa auf der Höhe der Kruppe mit. Im Lauf der nächsten Runden bewegen Sie sich so immer wieder ein Stückchen weiter nach außen. Das Pferd geht dabei die ganze Zeit auf der gewohnten Zirkelbahn, sprich, für das Pferd ändert sich eigentlich nichts außer Ihrer Position.

Geht Ihr Pferd weiterhin ruhig auf der Zirkelbahn voran und lässt sich nicht davon beunruhigen, dass Sie, mit etwa 3 Metern Abstand, leicht schräg versetzt zu seiner Kruppe laufen, bewegen Sie sich langsam wieder nach innen, fragen eine Wendung ab und wiederholen die Übung auf der anderen Seite.

Gelingt diese Übung, können Sie mit der zweiten Übergangslektion beginnen. Dazu laufen Sie, wie in Übergangslektion 1 beschrieben, leicht schräg hinter dem Pferd und bewegen es auf den Hufschlag. Bleiben Sie dann in einer Ecke stehen

Gewöhnen an den Langzügel im Round Pen: Lösen Sie das Pferd von der Bande und beginnen Sie, langsam hinter ihm zu laufen ...

... bis Sie beide auf einer Zirkelbahn gehen.

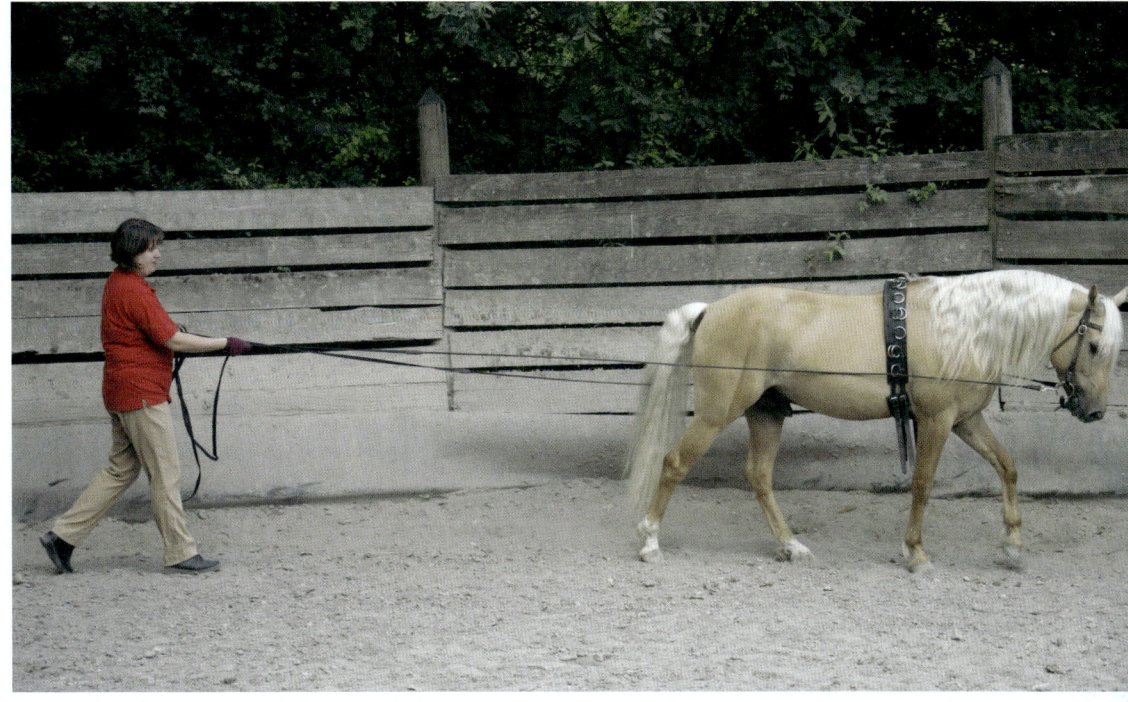

Dann lenken Sie das Pferd wieder an die Bande und können mit den Langzügelbasics beginnen.

und lassen Sie das Pferd wie an der Doppellonge in einer ruhigen Volte um sich herumgehen. So wechseln Sie ganz stressfrei die Richtung. Erreicht das Pferd wieder den Hufschlag, ermutigen Sie es, einige Schritte weiterzugehen, wiederholen nach etwa 10 Metern die Übung und wenden es auch in die andere Richtung ab. So lernt Ihr Pferd die Langzügelarbeit ganz spielerisch aus der vertrauten Doppellongenarbeit heraus kennen.

Vor der „richtigen" Langzügelarbeit können Sie hier noch eine dritte Übergangslektion anschließen: Sie beginnen eine Wendung nach innen. Im Wendepunkt in der Mitte lenken Sie das Pferd aber nicht auf die Zirkelbahn, sondern lassen es geradeaus Richtung Bande gehen und wenden es erst dort ab. Diese wenigen Schritte bis zur Bande bewegen Sie sich nun schon mehr oder minder direkt hinter dem Pferd.

So lernt das Pferd ganz ohne Stress, dass Sie auch in einer Wendung direkt hinter ihm laufen und nicht immer im Sichtfeld sind. Diese Lektion ähnelt von der Form einer recht groß angelegten Kehrtvolte. In dem kurzen Stück, das Ihr Pferd auf die Bande zugeht, lernt es schon, sich auch zwischen dem Langzügel gerade auszurichten.

Umstellphase

Nach diesen Vorübungen ist das Umstellen an den richtigen Langzügel meist nicht mehr schwierig. Es gibt immer zwei Möglichkeiten, das Pferd an den Langzügel umzustellen – mit oder ohne Helfer. Es kommt sehr auf das Pferd an, welche Variante man wählt. Unsichere Pferde brauchen eventuell die mentale Stütze eines Helfers neben sich, da sie sich anfangs oft nicht trauen, zügig voranzugehen,

Zum Gewöhnen an den Langzügel geht der Helfer neben dem Pferd mit ...

... und lässt sich immer weiter zurückfallen, sobald das Pferd sicher auf dem Hufschlag geht ...

... bis er auf Höhe des Longenführers ankommt und das Pferd selbstständig am Langzügel geht.

wenn ihr zweibeiniger Chef hinter ihnen ist. Sehr forsche und ranghohe Pferde „vergessen" auf der anderen Seite manchmal schnell, dass der Mensch, obwohl er jetzt hinten geht, immer noch führt. Bei meinen beiden eigenen Pferden habe ich mich für den Einsatz eines Helfers entschieden, da das den Umstieg noch leichter macht.

Achten Sie bei der Auswahl des Helfers vor allem darauf, dass Ihr Pferd diese Person kennt, respektiert und ihr vertraut – das ist fast wichtiger als die Fachkenntnis des Helfers. Wichtig ist, dass er ein Pferd korrekt führen kann und sich nicht so schnell aus der Ruhe bringen lässt.

Ziehen Sie an diesem Tag dem Pferd unter die gewohnte Longiertrense ein normales Halfter, falls Sie nicht den Kappzaum oder sowieso nur ein Halfter benutzen, und arbeiten zunächst in gewohnter Weise circa 20 Minuten an der Doppellonge. So kann Ihr Pferd seinem Bewegungsdrang etwas nachkommen und ist aufgewärmt.

Dann beginnen Sie die drei Übergangslektionen nacheinander abzufragen.

Wenn diese glücken, bitten Sie Ihren Helfer dazu. Dieser hakt einen 3 Meter langen Führstrick in das Halfter oder den Kappzaum ein und läuft erst eine Runde außen auf der Zirkelbahn mit. Jetzt fragen Sie eine Wendung von Ihrem Pferd ab und lenken es auf den Hufschlag, sodass Ihr Helfer nun an der Innenseite ist. Er geht nun einfach nur neben dem Pferd her und führt es ganz normal, während Sie immer weiter hinter dem Pferd gehen, bis Sie die endgültige Position erreichen.

Nach einer weiteren Runde auf dem Hufschlag soll der Helfer den Strick abschnallen und ein wenig zur Seite treten, während Sie Übergangslektion 2 oder 3 abrufen und das Pferd damit auf die andere Seite lenken. Dann kommt der Helfer wieder hinzu, hakt den Führstrick ein und führt das Pferd die ganze Bahn, während Sie genau hinter Ihrem Pferd laufen. Vergessen Sie nicht,

Ihr Pferd ausgiebig mit der Stimme zu loben. Der Helfer kann es auch während des Laufens streicheln oder den Widerrist kraulen. Leckerli als Lobmittel sollten Sie sich für später aufheben.

Ist alles gelungen, loben Sie das Pferd ausgiebig und beenden die Lektion für heute. Geben Sie Ihrem Pferd anschließend zwei oder auch drei Tage Denkpause und machen an diesen Tagen ein anderes Training oder einen schönen Ausritt. Erst dann beginnen Sie – am besten wieder mit Ihrem Helfer – mit den ersten richtigen Schritten am Langzügel.

Das erste Mal am Langzügel

Akzeptiert Ihr Pferd den Helfer und geht ruhig und gelassen auf dem Hufschlag voran, führt der Helfer nun immer weniger selbst und überlässt Ihnen die Führung durch die Langzügel. Dazu hakt der Helfer den Führstrick aus und geht nur noch als mentale Unterstützung neben dem Pferd her. Im Lauf des Trainings bewegt sich der Helfer immer weiter nach hinten, bis er auf Ihrer Höhe angekommen ist und sich damit quasi überflüssig gemacht hat.

Als Nächstes üben Sie das Anhalten. Es ist sehr notwendig in der Arbeit mit Pferden, dass Sie in jeder Situation sofort anhalten, wenn das entsprechende Signal kommt. Wer hier in der Ausbildung nachlässig ist, provoziert Unfälle und Verletzungen.

Bitten Sie also Ihren Helfer, noch mal mit dem Pferd mitzugehen, und geben Sie dann das Stimmkommando zum Anhalten. Nur wenn das Pferd auf Ihr Stimmkommando und ein leichtes Arrêt an der Longe nicht reagiert, sollte der Helfer eingreifen. Sobald das Pferd anhält, wird es gelobt. Wiederholen Sie

diese Übung nicht zu oft, maximal drei- oder viermal pro Trainingseinheit. Sollte das Pferd schon bei der ersten Aufforderung sofort auf das Stimmkommando hin stehen bleiben, ist die Übung auf dieser Hand sofort beendet und das Pferd wird sehr gelobt! Ihr Pferd sollte am Ende dieses Trainings in der Lage sein, auf das reine Stimmsignal sofort anzuhalten und am lockeren Langzügel mindestens 10 Sekunden lang stillzustehen, bevor Sie wieder das Signal zum Antreten geben.

Nun können Sie Ihr Pferd allein am Langzügel arbeiten. Es ist sehr wichtig, dass Sie eine sehr feine und genaue Zügelführung entwickeln. Wenn Sie sich etwas unsicher sind, rate ich, einige Unterrichtsstunden in Sachen Zügelführung bei einem alten Kutschfahrer zu nehmen. Seien Sie sich im Klaren darüber, dass der Langzügel nicht nur den normalen Zügel beim Reiten ersetzt, sondern auch Ihre Schenkel.

Liegt der Langzügel an beiden Seiten des Pferdes gleich an, wird Ihr Pferd gerade voranschreiten. Liegt er unterschiedlich an, wird es immer von der Seite wegtendieren, an der es einen leichten Druck durch die Longe spürt. Sollte Ihr Pferd zu Beginn noch nicht ganz gerade an der Doppellonge gehen, bitten Sie noch mal Ihren Helfer, ein paar Runden mitzulaufen. Und vielleicht stellt er sich auch für ein paar weitere Trockenübungen ohne Pferd für Sie zur Verfügung.

Die Stimme ist ein wichtiges Kommunikationsmittel am Langzügel. Aber sprechen Sie nicht zu viel, sondern verwenden Sie die Stimmsignale wie beim Longieren oder bei der Bodenarbeit. Achten Sie stets auf den Tonfall Ihrer Stimme. Wenn das Pferd eine Lektion richtig ausführt, loben Sie es mit einem bestimmten Wort, wie einfach „Braaav". Ich nehme auch gern, „Sooo fein", da die Pferde diese Wortkombination kaum mit einem anderen Stimmsignal verwechseln können.

Basislektionen am Langzügel

Sie haben nun Ihr Pferd erfolgreich von der Doppellonge an den Langzügel umgestellt und können mit der Arbeit am Langzügel beginnen. Ich empfehle Ihnen, vor der Langzügelarbeit immer noch circa 15 bis 20 Minuten lockerndes Aufwärmtraining an der Doppellonge einzuplanen. Anschließend können Sie – je nach Ausbildungs-

und Trainingsstand des Pferdes – weitere 15 bis 20 Minuten am Langzügel arbeiten. Die Kombination von Doppellonge und Langzügel hat sich bei meiner Arbeit bewährt und macht nicht nur Spaß, sondern ist auch sehr effektiv.

Auch die Arbeit am Langzügel beginnt in der Dehnungshaltung. Dann holen Sie das Pferd immer nur kurz in den hohen Spannungsbogen, die Versammlung. Sollte es ins Hohlkreuz fallen und sich zu sehr verspannen, gelten die gleichen Grundsätze wie beim guten Reiten oder auch an der Doppellonge – zunächst zurück ins Vorwärtsabwärts und langsam wieder aufbauen, bis das Pferd den hohen Spannungsbogen korrekt halten kann.

So sollen Aufrichtung und Versammlung am Langzügel aussehen!

Beginn einer Volte am Langzügel.

... und achten Sie darauf, dass Ihr Pferd korrekt gebogen auf der Zirkellinie geht.

Das Pferd verlässt den Hufschlag und folgt der führenden Zügelhand nach innen.

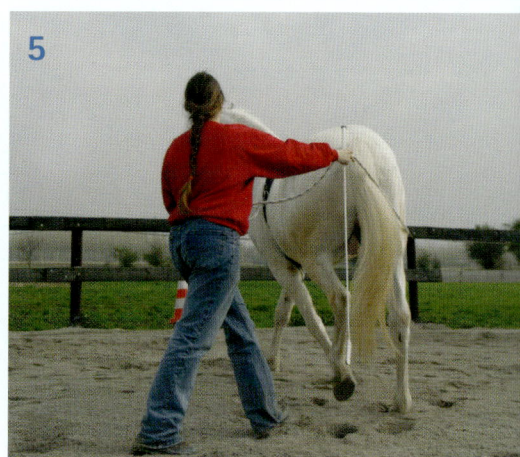

Auch im letzten Viertel der Volte darf der Longenführer nicht die Konzentration verlieren, da sonst aus der Volte schnell ein Ei wird!

Wählen Sie den Radius ausreichend groß ...

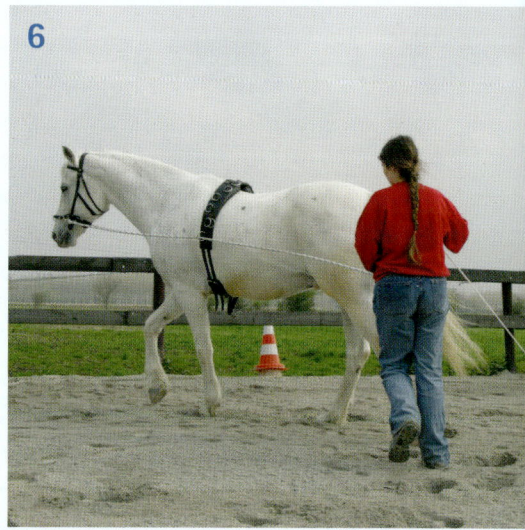

Das Pferd hat den Hufschlag wieder erreicht.

Bahnfiguren Step by Step

In der Langzügelarbeit können Sie mit Ihrem Pferd eine unglaublich feine Kommunikation entwickeln, wenn Sie mit sehr genauen und feinen Signalen arbeiten. Denn im Gegensatz zum Reiten erlaubt der Langzügel keine noch so kleinen Ungenauigkeiten. Sind die Longen nicht gleichmäßig aufgenommen, schwankt das Pferd; ist das Arrêt zu stark, geht es rückwärts; ist es zu schwach, reagiert es nicht. So schult die Arbeit am Langzügel auch uns Menschen und lehrt uns, unsere Signale fein und präzise dem Pferd zu übermitteln.

Üben Sie zum Einstieg in die feine Kommunikation die bekannten Bahnfiguren im Schritt: Ist der Zirkel wirklich noch rund? Ist die Gerade wirklich eine Gerade? Seien Sie nicht enttäuscht, wenn Sie anfangs nicht dahin kommen, wo Sie hinwollten. Das geht mir manchmal sogar nach zehn Jahren Training mit meinem Shadow noch so. Doch denken Sie an die Zeit zurück, in der Sie das erste Mal mit einem Pferd diese Bahnfiguren geritten sind – da kamen Sie sicherlich auch nicht immer gleich auf die Ideallinie oder genau den Punkt, an den Sie kommen wollten.

Am Langzügel erlernen Sie die Bahnfiguren mehr oder minder neu und Sie lernen vor allem, sehr präzise die Richtung und das Tempo vorzugeben. Die Signale für die Richtungswechsel sind identisch mit denen beim Reiten, nur dass die Longen an den Seiten des Pferdes auch die Funktion der Schenkel beim Reiten übernehmen. Sprich, wenn Sie nach rechts abbiegen wollen, müssen Sie nicht nur mit der rechten Longe ein Signal zum Kopf des Pferdes übermitteln, sondern auch die linke Longe an den Pferdekörper anlegen und es somit auffordern, diesem Druck zu weichen. Und ich denke, Sie können

sich vorstellen, wie viel Freude es macht, ein derart fein am Langzügel ausgebildetes Pferd später zu reiten.

Volte und Kehrtvolte

Es gibt zwei Möglichkeiten, am Langzügel eine Volte oder Kehrtvolte auszuführen: Bei der ersten Variante bleiben Sie die ganze Zeit direkt hinter dem Pferd und „reiten" es sozusagen durch die Volte, genau mit den Signalen, die Sie auch im Sattel geben. Bei Variante 2 gehen Sie auf den Voltenmittelpunkt und longieren das Pferd wie an der Doppellonge in der Volte um sich herum. Dann gehen Sie zusammen mit dem Pferd auf den Hufschlag und nehmen Ihre Position hinter dem Pferd wieder ein.

Bei der Kehrtvolte bleiben Sie auf dem Hufschlag stehen und lenken das Pferd, wie in einer Wendung nach innen an der Doppellonge, in einem Halbkreis in die Bahn hinein, richten es wieder gerade und lenken es auf den Hufschlag zurück.

Ich empfehle Ihnen, beide Varianten zu üben. Wählen Sie zu Beginn des Trainings den Radius der Volte oder Kehrtvolte eher großzügig. Denn je kleiner der Kreis, desto größer ist die Gefahr, dass Ihr Pferd sich nicht mehr schön auf der Zirkelbahn biegt, sondern über die Schulter nach innen drückt. Bei der Arbeit am Langzügel ist die korrekte Haltung des Pferdes ebenso wichtig wie beim Reiten. Deshalb sollte man bei neuen Lektionen mit einem ausreichend großen Radius und auf jeden Fall im Schritt beginnen. So hat das Pferd die Möglichkeit, die gewünschte Haltung auch zu halten und sich ohne Stress in die neue Übung einzufinden.

Trabarbeit Step by Step

Wenn die Übungen im Schritt gut klappen, geht es an die Trabarbeit. Im Gegensatz zum Trab an der Doppellonge ist der Trab am Langzügel wesentlich langsamer. Die Kunst ist es, dass Ihr Pferd trotz des recht langsamen Tempos taktrein und mit Untertritt vorwärtsgeht.

Ihr Pferd sollte aus der Bodenarbeit schon gelernt haben, auf den Punkt anzutraben, bevor Sie es am Langzügel versuchen. Zu Beginn ist dann wieder ein Helfer gefragt, der innen neben dem Pferd hergeht und ihm an der Hand das übliche Signal zum Antraben gibt. Sie geben das Stimmsignal. Das kann das altbekannte Zungenschnalzen sein oder auch das von der Longe bekannte „Te-rab". Geben Sie dem Pferd dann den Zügel hin und damit genug Raum zum Antraben.

Ein wichtiger Punkt: Joggen Sie nicht hinter dem Pferd her! Das könnte bei dem Pferd einen Fluchtreflex auslösen. Gehen Sie weiter, aber schneller. Vielleicht üben Sie dieses „Power Walking" zunächst einige Male vorab: Zum Beispiel können Sie zum Aufwärmen einige Runden im Power Walking neben Ihrem Pferd laufen. Damit üben Sie auch gleich das Antraben an der Hand im gewünschten Tempo.

Ziel der Trabarbeit am Langzügel sollte es sein, das Pferd in einen recht versammelten, taktklaren, aber ruhigen Trab zu bringen. Bezüglich Aufrichtung und Dehnungshaltung gelten die gleichen Regeln wie beim Reiten: Geben Sie nach jeder versammelnden Lektion Ihrem Pferd die Möglichkeit, sich wieder zu dehnen.

Sobald Ihr Pferd es mit Helfer verstanden hat, auf Ihr Signal hin sicher anzutraben, kann sich der Helfer langsam überflüssig machen, bis Sie mit Ihrem Pferd wieder allein arbeiten können. Beginnen Sie mit einfachen Übungen, wie eine Runde auf dem Hufschlag, damit Ihr Pferd eine Chance hat, sich in den neuen Takt einzufinden. Dann wechseln Sie mit einem großzügig angelegten „Aus-dem-Zirkel-Wechseln" die Seite.

In den kommenden Trainingsstunden versuchen Sie alle Lektionen, die Sie Ihrem Pferd im Schritt beigebracht haben, nun im Trab. Achten Sie bitte wieder darauf, dass das Pferd sich nicht im Rücken fest macht und vor allem ein gewisser Vorwärtsschwung erhalten bleibt. Verliert Ihr Pferd den Takt oder fällt es ins Hohlkreuz, festigen Sie die Übung noch mal im Schritt.

Rückwärtsrichten

Das Rückwärtsrichten am Langzügel formt das Pferd in vielerlei Hinsicht: Zum einen lernt es, mehr Gewicht auf die Hinterhand zu nehmen, was uns später bei Lektionen wie der Piaffe, der Galopppirouette oder auch dem Western Roll Back und Sliding Stop zugutekommt. Zum andern ist es auch eine Vertrauensübung. Denn das Pferd sieht nicht, wohin es geht, noch sieht es Sie. Es muss sich ganz auf Ihre Stimme und Ihre Zügelsignale verlassen lernen.

Da diese Übungen für das Pferd weder körperlich noch mental einfach sind, müssen Sie hier langsam und mit viel positiver Verstärkung arbeiten. Und auch hier ist ein Helfer wieder sehr nützlich: Er stellt sich vor das Pferd, während Sie über den Langzügel einen leichten Rückwärtsimpuls und gleichzeitig das dazugehörige Stimmkommando geben. Dann gibt Ihr Helfer dem Pferd das von der Bodenarbeit vertraute Signal zum Rückwärtstreten.

Wundern Sie sich aber nicht, wenn Ihr Pferd zunächst nicht rückwärtsgehen will. Denn es weiß, dass Sie hinter ihm stehen! Und rückwärts auf das Leittier zugehen, wä-

Korrekte Haltung des Longenführers: Die Hinterbeine des Pferdes und die Beine des Longenführres bewegen sich immer parallel zueinander.

re in der normalen Herdenhierarchie eine Kampf-ansage. Meist hilft es schon etwas, wenn Sie einen Schritt zur Seite gehen, damit wieder in das Sichtfeld des Pferdes kommen und es noch mal versuchen. Wenn Ihr Pferd nur einen Schritt rückwärtstritt, beenden Sie die Lektion und loben das Pferd ausgiebig.

Keinesfalls sollten Sie stärker am Langzügel ziehen, um Ihr Pferd zu einem zügigeren Rückwärts zu bewegen. Das kann dazu führen, dass Ihr Pferd hart im Maul wird, was Sie sicher vermeiden wollen. Wenn Ihr Pferd noch unsicher ist und nicht rückwärtsgeht, bitten Sie besser Ihren Helfer hinzu, bevor Sie auch nur darüber nachdenken, das Signal zu verstärken. Hat Ihr Pferd die Lektion verstanden, kann Ihr Helfer sich wieder überflüssig machen und Sie können die Lektionen zusammen mit dem Anhalten in Ihr Training einbauen.

Eine sehr anspruchsvolle, aber effektive Kombination, um das Pferd vermehrt auf die Hinterhand zu bringen, ist zum Beispiel: Anhalten, zwei bis drei Schritte rückwärtstreten und direkt aus dem Rückwärts heraus wieder antraben. Dies ist auch schon eine Vorübung zur Piaffe. Wenn Sie mit Ihrem Pferd bis in die Hohe Schule vordringen wollen, ist das korrekte Rückwärtsrichten sehr wichtig. Bauen Sie es langsam und schonend für das Pferd auf!

Auch beim Rückwärtsrichten darf sich das Pferd nicht im Rücken fest machen. Die Unsitte mancher Reiter, den Pferden beim Rückwärts künstlich den Kopf nach oben zu ziehen, führt fast zwangsläufig dazu, dass der Rücken fest wird. Eine Gymnastizierung und Formung der Muskeln ist dann nicht mehr möglich. Achten Sie von Anfang an darauf, dass Ihr Pferd in entspannter Hal-

Sehr schönes Travers/Kruppeherein am Langzügel

Seitwärts am Langzügel abzufragen. Die Signale sind wie an der Doppellonge – mit dem Unterschied, dass Sie weiterhin direkt hinter dem Pferd gehen.

Zum Beginn sind Sie mit Ihrem Pferd auf dem Hufschlag. Sobald Sie in der Kurve von der kurzen auf die lange Seite sind, stellen Sie das Pferd in die Seitwärtsbewegung. Jetzt führen Sie es mit dem inneren Zügel, bei anliegendem äußeren Zügel, in einem Vorwärtsseitwärts in die gegenüberliegende Ecke – so als würden Sie „durch die Bahn wechseln". Achten Sie darauf, dass das Pferd wirklich seitwärts- und vorwärtsgeht.

Sie brauchen etwas Übung und einiges Feingefühl, bis die erste Traversale über die komplette Bahnlänge klappt. Verlangen Sie zu Beginn noch keine Stellung des Pferdes in die Bewegungsrichtung – das wäre zu viel. Zunächst ist es völlig in Ordnung, wenn das Pferd nicht gebogen, sondern relativ gerade ist und die Bewegung taktklar in ruhigem Schritt ausführt.

Sobald Sie an der gegenüberliegenden Ecke ankommen – wo die lange Seite in die kurze übergeht –, lassen Sie dem Pferd die Zügel lang und loben Sie es. Nach einer Entspannungsrunde auf dem Zirkel können Sie die Traversale in die andere Richtung im Schritt versuchen.

Gelingt diese Übung flüssig im Schritt, fordern Sie mit dem inneren Zügel leicht etwas Biegung in Bewegungsrichtung des Pferdes an. Verlangen Sie aber nicht zu viel – lieber weniger Biegung und ein schöner, klarer Takt, als viel Biegung und taktunrein. Hat das Pferd gelernt, die Übung in einer leichten Stellung in Bewegungsrichtung auszuführen, können Sie langsam mit dem Trab beginnen.

tung in maximal halbhoher Aufrichtung (Maul auf Höhe des Buggelenks) rückwärtsgeht.

Mit voranschreitendem Training und Verbesserung der Muskulatur kann das Rückwärtsgehen auch ab und zu in der endgültigen Versammlung abgefragt werden, doch das würde ich nicht zu oft machen. Meine Formel ist: Auf fünfmal Rückwärts im tiefen Spannungsbogen folgt einmal Rückwärts im hohen Spannungsbogen.

Seitwärts Step by Step

Ihr Pferd hat die Vorübungen zu den Seitengängen schon an der Doppellonge kennengelernt. Nun können Sie dazu übergehen, das

Traversale am Langzügel wie
aus dem Bilderbuch!

Trail am Langzügel

Ist die Langzügelarbeit nur in der „klassischen" Variante machbar? Ist sie für Westernreiter nicht interessant? Bei Weitem nicht! Denn auch am Langzügel kann ein kleiner Trailparcours trainiert werden. Wie bei der klassischen Langzügelarbeit wird durch diese Übung die Kommunikation zwischen Pferd und Mensch und die Hilfengebung feiner. Das Pferd lernt, die Lektionen mit minimalen Hilfen selbstständig und ohne störendes Reitergewicht auszuführen.

Vorübungen an der Hand

Üben Sie aber zunächst den Trailparcours an der Hand. Anregungen dafür finden Sie im Buch Kreative Bodenarbeit. Erst wenn das Pferd die einzelnen Hindernisse an der Hand kennengelernt hat und die gewünschten Lektionen flüssig und ruhig ausführen kann, können Sie die Lektionen auch am Langzügel abfragen. Anfangs ist es von Vorteil, wenn ein Helfer das Pferd vorn führt und ihm die gewohnten Signale aus der Bodenarbeit zusätzlich gibt, während Sie die Signale am Langzügel etablieren.

Bei der Langzügelarbeit im Trailparcours ist es sinnvoll, deutliche und präzise Stimmkommandos einzusetzen – wie bei der Holzrückearbeit mit Pferden. Unterschätzen Sie nicht die Auffassungsgabe Ihres Pferdes: Meine Pferde können mittlerweile bestimmt 30 Stimmsignale unterscheiden. Das bedarf etwas Training, aber wenn Sie die Stimme von Anfang an gezielt und immer gleich einsetzen, können Sie erstaunliche Resultate erzielen.

Nun folgen einige Anregungen, welche Lektionen aus einem Western Trail Sie auch am Langzügel üben können.

Stangen-L und -U

Legen Sie zu Beginn das Stangen-L oder -U sehr großzügig, sodass ein Korridor von mindestens 1,5 Metern entsteht. Lassen Sie das Pferd zunächst nur im Schritt in allen erdenklichen Kombinationen über die Stangen gehen und legen Sie auch die Wendungen großzügig an. Dann gehen Sie mit Ihrem Pferd komplett durch das L oder U hindurch. Dabei zeigt sich, wie fein die Kommunikation zwischen Ihnen und Ihrem Pferd bereits ist. Denn nun müssen Sie sowohl Stimm- als auch Longenkommandos einsetzen.

Als Nächstes lassen Sie das Pferd gerade in das L hineinlaufen und halten es kurz vor der Kurve an. Dann bitten Sie es, wieder rückwärts in gerader Linie aus dem L hinauszutreten. Anschließend gehen Sie mit dem Pferd komplett in das Stangen-L oder -U hinein, verharren kurz und gehen rückwärts wieder hinaus.

Brücke

Bei der Brücke gibt es zwei Möglichkeiten: Entweder Sie gehen – wie bei der normalen Langzügelarbeit – hinter dem Pferd und selbst über die Brücke, oder Sie gehen seitlich – wie bei der Doppellongenarbeit – und longieren das Pferd sozusagen über die Brücke. Passen Sie bitte bei der zweiten Variante sehr auf, dass Sie mit der Doppellonge nicht am Brückengeländer hängen bleiben.

Pylonenslalom

Auch beim Pylonenslalom gibt es wieder beide Varianten: Entweder Sie laufen hinter Ihrem Pferd den Slalom am Langzügel oder Sie longieren das Pferd an der Doppellonge zwischen den Pylonen hindurch. Wenn Sie flüssig zwischen beiden Varianten wechseln, verfeinern Sie die Kommunikation zwischen Pferd und Mensch ungemein!

Stangenfächer

Den Stangenfächer können Sie im Schritt in Langzügelposition, direkt hinter dem Pferd, oder auch im Trab in der Doppellongenposition auf kleiner Volte üben. Dadurch lernt das Pferd, sich besser zu orientieren und zu differenzieren, wie hoch und wie weit es die Beine heben muss, um sauber über die Stangen zu kommen.

Side Pass über Stangen

Der Side Pass über eine Stange am Langzügel ist der Höhepunkt des Langzügeltrails. Dafür muss Ihr Pferd ohne Stange sicher am Langzügel im 90-Grad-Winkel seitwärtstreten können und vor allem auf Kommando sofort anhalten. Als zweite Vorübung muss es das „normale" Seitwärts über die Stange an der Hand erlernen. Gelingen beide Vorübungen, lenken Sie Ihr Pferd am Langzügel über die Stange.

Wenn es mit beiden Vorderbeinen über die Stange getreten ist, lassen Sie es kurz verharren. Dann geben Sie das Signal zum Seitwärts und begnügen sich zu Beginn mit zwei bis drei sauberen Tritten. Lassen Sie Ihr Pferd danach wieder einige Sekunden über der Stange verharren, bevor Sie es gerade vortreten lassen. Denn Ihr Pferd soll nicht den Eindruck bekommen, dass es immer seitwärtsgehen muss, wenn es über einer Stange steht. Deshalb gestalten Sie auch diese Übung abwechslungsreich und nie ganz gleich, damit Ihr Pferd immer auf das Signal wartet und die Lektion so ausführt, wie Sie es haben möchten.

Trail am Langzügel macht nicht nur Spaß, sondern verbessert auch die Koordination von Pferd und Mensch. Hier der Stangenfächer.

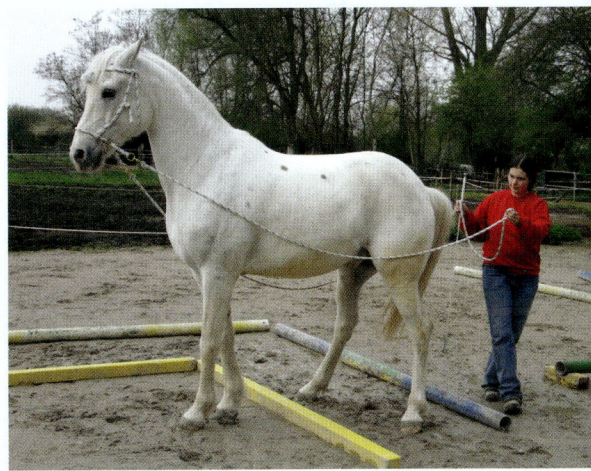

Etwas kniffliger wird es schon im Stangen-L seitwärts ...

... oder bei der Brücke mit Schrittstangen.

Pferdetanz in Indien – eine jahrtausendealte Kunst, die bei uns nur wenig bekannt ist.

Und wie geht
es weiter?

Bis zu diesem Punkt haben Sie sich zusammen mit Ihrem Pferd eine gute Basis in der Doppellongen- und Langzügelarbeit geschaffen. Wenn Sie noch darüber hinausgehen möchten, bietet Ihnen dieses Kapitel weitere Anregungen.

Langzügelarbeit am Halsring

Wenn die Stimm- und Longensignale absolut korrekt sind und das Pferd sie auch versteht, können Sie statt mit dem Kopfstück auch mit einem Halsring arbeiten. Ich persönlich nehme dafür einfaches dünnes Yachtschot aus dem Baumarkt. Der Halsring sollte so lang sein, dass er vor dem Widerrist des Pferdes anliegt und der Knoten sich auf Höhe des Buggelenks legt. Dann knoten Sie rechts und links, sozusagen auf drei und neun Uhr, zwei kleine Ringe ein, in die Sie die Doppellonge oder den Langzügel einhängen.

Wenn Sie mit dieser speziellen Art des Longierens – nennen wir es „Liberty Longing" – beginnen, empfehle ich, dem Pferd zusätzlich ein Halfter anzulegen und einen Helfer hinzuzubitten. Dieser kann das Pferd an einer normalen Longe führen, die in dem Halfter eingehängt ist.

Bei der Doppellongenarbeit steht der Helfer mit Ihnen zusammen einige Runden in der Zirkelmitte, gibt aber selbst keine Signale, sondern ist die „Notbremse". Bei der Langzügelarbeit gehen Sie mit dem Langzügel, der am Halsring eingehängt ist, hinter dem Pferd. Der Helfer geht mit einem einfachen Führstrick, der am Halfter des Pferdes eingehängt ist, nebenher und fungiert notfalls wieder als Bremse.

Bei der Arbeit am Halsring erkennen Sie besonders gut den tatsächlichen Ausbildungsstand des Pferdes: Wenn Sie die Signale korrekt

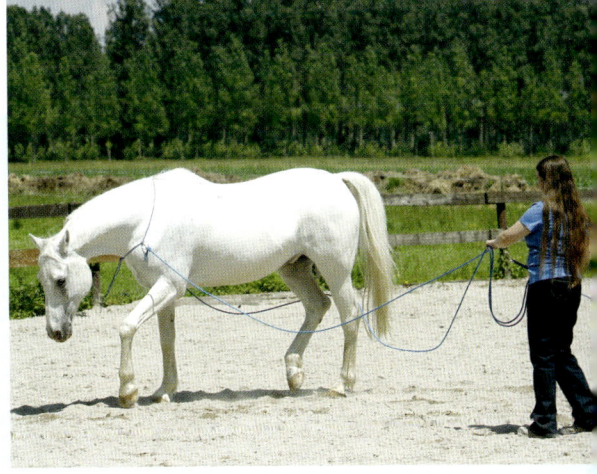

Auch mit Halsring kann am Langzügel ein schönes Vorwärts-abwärts oder ...

... eine beginnende Aufrichtung gelingen.

Die Arbeit mit Halsring bedarf einiges an Geschick und Übung, macht aber Pferd und Mensch großen Spaß!

Ein Pferd hat eine Lektion erst dann richtig verstanden, wenn es sie in der korrekten Haltung ohne Zwang und Hilfsmittel selbstständig ausführt: Shadow bei der modernen Variante des persischen Pferdetanzes am Langzügel.

geben und das Pferd Sie auch versteht, wird es die geforderten Lektionen zwar etwas „unsauber" und zögerlich zeigen, aber es wird sie ausführen.

Vorübungen für Piaffe, Passage und Pferdetanz

Das „Tanzen auf der Stelle" hat eine jahrtausendealte Tradition – auch wenn wir in Europa gern denken, wir hätten das für die Pferde entdeckt. Auch wenn die korrekte Piaffe einiger Vorbereitungen bedarf, ist sie gerade in ihrer Rohform, dem Tanz auf der Stelle, für jedes gesunde Pferd machbar.

Als Vorübung arbeiten Sie am Langzügel wieder mit Kopfstück: Lassen Sie das Pferd im versammelten Trab gehen. Dann halten Sie es an, richten es fließend einige Schritte rückwärts und lassen es direkt aus dem Rückwärts wieder forsch antraben. Wichtig ist, dass Sie gleich von Anfang an auf die korrekte Haltung des Pferdes achten. Wenn es den Kopf hochreißt und den Rücken wegdrückt, ist die Übung noch zu schwer oder Sie haben das Signal zu überraschend gegeben. Gehen Sie dann wieder einen Schritt zurück und insgesamt langsamer vor.

Hat Ihr Pferd diese neue Übung aus Trab-Rückwärts-Trab verstanden und führt sie flüssig aus, gehen Sie zur nächsten Stufe: In dem Augenblick, in dem Ihr Pferd aus dem

Rückwärts antrabt, wirken Sie mit den Zügeln etwas verwahrend ein und animieren das Pferd durch taktklares Schnalzen dazu, einige kürzere Tritte zu machen. Dann entlassen Sie es in einen lockeren Vorwärts-abwärts-Trab.

Versuchen Sie bei dieser Übung niemals, das Pferd durch grobe Zügel- oder gar Peitscheneinwirkung in den Tanz hineinzuzwingen. Tanzen lernt man nicht durch Druck, sondern durch einen Partner, der sicher führen kann!

Verlängern Sie die Phase des Verwahrens immer um ein paar Sekunden und animieren Sie das Pferd, trotzdem weiterzutraben – aber nun fast auf der Stelle. Schnalzen Sie Ihrem Pferd den Takt vor, damit es leichter den richtigen „Tanztakt" findet. Denn Pferde reagieren sehr gut auf Rhythmen.

Pferd auf die richtigen Tanzschritte und Lektionen vor. Salopp gesagt: Der Pferdetanz fängt da an, wo unsere klassische Dressur eigentlich schon aufhört! Der Pferdetanz hat besonders in Indien eine lange Tradition und ist dort ebenso beliebt wie bei uns beispielsweise das Springreiten. Wer in Indien ein gutes Tanzpferd besitzt, der kann damit viel Geld verdienen und sich sogar einen Butler für sein Pferd leisten.

Die Zügelführung des Langzügels beim traditionellen Pferdetanz mag uns etwas fremd sein, da der äußere Langzügel oft unter den Bauch des Pferdes hindurchführt. Doch diese Longenführung ist für gewisse Lektionen des Pferdetanzes besser geeignet als unsere klassische.

Der Weg in die Zirzensik und Hohe Schule

Der Pferdetanz hat eine lange Tradition – und fast ebenso lange wird der Langzügel dafür eingesetzt. Hier die iberische Variante.

Hat Ihr Pferd den Tanz auf der Stelle gelernt und kann fünf bis sechs Tanzschritte auf der Stelle ausführen, steht Ihnen der Weg in die Zirzensik und Hohe Schule am Langzügel offen. Ob Spanischer Schritt, Spanischer Trab, Terre à Terre oder auch Ballotade – der Tanz auf der Stelle und später die korrekte Piaffe bilden die Grundlage.

Ein Blick über den Tellerrand: Langzügelarbeit beim Pferdetanz

Die Piaffe ist also nicht nur bestimmten Reitern und Pferden vorbehalten. Mit dem Tanz auf der Stelle, der Urform der Piaffe, bereitet man das

Schlusswort

Die Arbeit an Doppellonge und Langzügel kann neue Horizonte eröffnen und formt Körper und Geist – sowohl beim Pferd als auch beim Menschen.

In der klassischen Reitlehre steht die korrekte Ausbildung des Pferdes an den Longen stets vor dem eigentlichen Reiten. Leider wird diese Arbeit in unserer heutigen schnelllebigen und von Erfolgsdruck geprägten Zeit meist vernachlässigt. Doch es sollte uns zu denken geben, dass noch drei Generationen vor uns auf die Ausbildung mehr Zeit und Sorgsamkeit verwendet wurde als heute. Damals waren die Pferde noch Arbeitstiere und die Menschen mehr oder weniger von ihnen abhängig, heute können wir sie uns als Luxus leisten!

Wer sein Pferd lange gesund, glücklich und leistungsfähig halten will, der muss sich Zeit für seine Ausbildung nehmen, Kraft und Ausdauer des Pferdes fördern und auf gesunde Haltung achten. Auch an sich selbst muss der Pferdebesitzer stets arbeiten, damit er körperlich und mental in der Lage ist, seinem Pferd ein guter Chef und Lehrer zu sein.

Doppellongen- und Langzügelarbeit kann auf dem gemeinsamen Weg von Pferd und Mensch ein steter, hilfreicher Begleiter sein, der es beiden ermöglicht, die Kommunikation miteinander zu verbessern, die Grenzen des anderen zu erkennen und Körper und Geist zu formen.

Dein Pferd sei dein Freund – nicht dein Sklave.

(Zitat Xenophon *Über die Reitkunst*)

Anhang

Kontakt

Die Autorin Karin Tillisch bietet ambitionierten und interessierten Pferdefreunden zu jedem ihrer im Cadmos Verlag erschienenen Bücher eine Vielzahl an:

- Workshops
- Info Shows mit ihren Pferden Shadow & Blues Starlight
- Demo Shows mit „Fremdpferden"
- Vorträge
- Buchlesungen
- „Frag-Karin-Infotage"
- Individual Seminare
- und noch vieles mehr

Bereits ab 4 Personen können die jeweiligen Programme gebucht und auch bei Ihnen am Stall angeboten werden.

Weitere Infos gibt's direkt bei:
Karin Tillisch
Auf der Golz 4
77887 Sasbachwalden
www.Karin-Tillisch.com
www.facebook.com/KarinTillisch

Vielen Dank

Auch dieses Buch wäre ohne die engagierte Mithilfe zahlreicher Pferde und Menschen nicht zustande gekommen. Deshalb ein herzliches Dankeschön an:

- Shadow, ohne den ich nicht da wäre, wo ich heute bin! Dieses Buch ist eigentlich sein Werk – ich habe es nur in Worte gefasst.

- Starlight, der mit viel Charme und Schabernack mein Herz im Sturm eroberte und mein Leben auf vielfältige Weise bereichert.

- Ingo Ehrmeier, ohne dessen engagierten Einsatz und seine stete Unterstützung es das Shadow Show Team und das Pegasus System gar nicht geben würde.

- Christiane Slawik, die wieder einmal mit viel Gefühl und schier endloser Energie die wundervollen Bilder für dieses Buch gemacht hat. (www.slawik.com)

- die Red Rock Ranch, wo ich meine beiden Pferde gekauft habe und man uns stets mit Rat und Tat zur Seite stand – so auch für viele Aufnahmen in diesem Buch. (www.redrockranch.de)

- Und natürlich ein besonderes Dankeschön an alle vier- und zweibeinigen Models, die sich für dieses Buch mit viel Engagement zur Verfügung gestellt haben.

Register

CADMOS *Pferdebücher*

Karin Tillisch

Vom Round Pen zur Freiheitsdressur

Von der Arbeit im Round Pen bis zu den Lektionen der Freiheitsdressur, Schritt für Schritt in Bild und Text erläutert von der Trickpferdetrainerin und Showreiterin Karin Tillisch.

80 Seiten, farbig, broschiert
ISBN 978-3-86127-555-8

Karin Tillisch

Kreative Bodenarbeit

Vertrauen stärken, die Kommunikation verbessern und Abwechslung in den Alltag mit dem Pferd bringen - das sind die wichtigsten Vorzüge der Bodenarbeit. Dieses Buch bietet eine systematische Anleitung für den Einstieg in diese Form der Beschäftigung mit dem Pferd, informiert über die nötige Ausrüstung und stellt kreative Ideen für leicht zu erarbeitende und dennoch wertvolle Übungen vor.

80 Seiten, farbig, broschiert
ISBN 978-3-86127-562-6

Oliver Hilberger

Gymnastizierende Arbeit an der Hand

Für die Dressurausbildung des Pferdes ist die klassische Arbeit an der Hand ein sehr wertvolles, leider jedoch oft unterschätztes und deshalb viel zu selten angewandtes Mittel. Dieses Buch führt Schritt für Schritt in die Grundlagen und ersten Lektionen ein, die auch dazu dienen, die spätere Arbeit unter dem Sattel und die Schulung in schwierigeren Übungen deutlich leichter gestalten zu können.

160 Seiten, farbig, broschiert
ISBN 978-3-86127-449-0

Daniela Bolze/Christiane Slawik

Und sie sprechen doch

Mit ihrem vielfältigen Ausdrucksverhalten sind Pferde immer wieder für Überraschungen gut. Die Bandbreite reicht dabei von neugierigem, freundschaftlichem und unsicherem Verhalten bis hin zum Drohen als Vorwarnung für einen Angriff. Die Autorinnen bieten einen kompetenten Einblick in die Natur der Pferde, deren Kommunikationsfähigkeit untereinander und vor allem in ihre Art und Weise, sich dem Menschen vom Boden und unter dem Sattel mitzuteilen.

128 Seiten, farbig, broschiert
ISBN 978-3-8404-1023-9

Josepha Guillaume

Problemlos gebisslos

Das Reiten mit gebisslosen Zäumungen kommt immer mehr in Mode, doch bleiben viele Fragen offen: Welche gebisslosen Zäumungen gibt es und wie funktionieren dies Welche ist die richtige für mic und mein Pferd? Wie reite ich eigentlich gebisslos? Diese un ähnliche Fragen werden in diesem Buch von der Autorin Josepha Guillaume ausführlic und auf leicht verständliche Art beantwortet.

96 Seiten, farbig, broschiert
ISBN 978-3-8404-1511-1

Cadmos Verlag GmbH · Röntgenstraße 24 · 21493 Schwarzenbek
Tel. 04151 87 90 7 - 0 · Fax 04151 87 90 7 - 12 · www. cadmos.de